Christof Gromke

Einfluss von Bäumen auf die Durchlüftung von innerstädtischen Straßenschluchten

Dissertationsreihe am Institut für Hydromechanik
der Universität Karlsruhe (TH)
Heft 2008/2

Einfluss von Bäumen auf die Durchlüftung von innerstädtischen Straßenschluchten

von

Christof Gromke

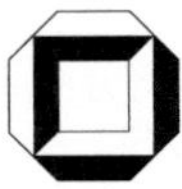

universitätsverlag karlsruhe

Dissertation, genehmigt von der
Fakultät für Bauingenieur-, Geo- und Umweltwissenschaften
der Universität Fridericiana zu Karlsruhe (TH), 2008
Referenten: Prof. Dr.-Ing. habil. Dr. h.c. Bodo Ruck,
Prof. Dr. rer. nat. Joachim Vogt

Impressum

Universitätsverlag Karlsruhe
c/o Universitätsbibliothek
Straße am Forum 2
D-76131 Karlsruhe
www.uvka.de

Universitätsverlag Karlsruhe 2009
Print on Demand

ISSN: 1439-4111
ISBN: 978-3-86644-339-6

Einfluss von Bäumen auf die Durchlüftung von innerstädtischen Straßenschluchten

Zur Erlangung des akademischen Grades eines

DOKTOR-INGENIEURS

von der Fakultät für
Bauingenieur-, Geo- und Umweltwissenschaften
der Universität Fridericiana zu Karlsruhe (TH)

genehmigte

DISSERTATION

von

Dipl.-Ing. Christof Gromke

aus Burgbrohl

Tag der mündlichen Prüfung:
03.12.2008

Hauptreferent: Prof. Dr.-Ing. habil. Dr. h c. Bodo Ruck
Korreferent: Prof. Dr. rer. nat. Joachim Vogt

Karlsruhe 2008

Kurzfassung

In der vorliegenden Arbeit wird untersucht, inwiefern Baumpflanzungen die Durchlüftung von innerstädtischen Straßenzügen beeinflussen. Hierzu wurde die Ausbreitung von bodennah freigesetzten Verkehrsemissionen in bepflanzten und unbepflanzten Straßenschluchten untersucht. Grundlegende Zusammenhänge zwischen den Charakteristika alleenartiger Baumpflanzungen und der Schadstoffbelastung aus Verkehrsemissionen im Straßenraum werden herausgestellt. Damit wird eine bestehende Wissenslücke geschlossen, da in bisherigen stadtklimatologischen bzw. meteorologischen Untersuchungen der Einfluss von Baumpflanzungen auf die Strömungs- und Schadstofffelder in Straßenräumen nicht oder allenfalls nur marginal und unzureichend berücksichtigt wurde.

Zur Klärung dieser Sachverhalte wurden vornehmlich Windkanaluntersuchungen an einem Straßenschluchtmodell durchgeführt. Besondere Beachtung wurde dabei auf die strömungsmechanisch ähnlichkeitsgerechte Ausführung der Baummodelle gelegt. Parallel zum experimentellen Vorgehen wurden zu Vergleichs- und Validierungszwecken auch numerische Simulationen (k-ε Turbulenzmodell) eingesetzt. Zahlreiche Straßenschlucht/Baumpflanzkonfigurationen wurden bei systematischer Variation pflanzungscharakteristischer Parameter untersucht.

Die Ergebnisse zeigen, dass alleenartige Baumpflanzungen einen erheblichen Einfluss auf die natürliche Straßenraumdurchlüftung ausüben. Sie behindern den Luftaustausch zwischen Straßenschlucht und Umgebung und führen, im Vergleich zum baumfreien Referenzfall, zu geringeren Windgeschwindigkeiten sowie zu höherer verkehrsbedingten Schadstoffbelastungen. An den Gebäudewänden wurden lokale Konzentrationsanstiege von bis zum Vierfachen gegenüber dem baumfreien Pendant festgestellt, was bei ohnehin hohen Schadstoffbelastungen zu kritischen Situationen führen kann. Abschließend wurden unter Anwendung dimensionsanalytischer Methoden aus den Ergebnissen funktionale Zusammenhänge für die Bestimmung der maximalen Schadstoffbelastungen im Straßenraum in Abhängigkeit pflanzungs- und straßenschluchtcharakteristischer Parameter abgeleitet. Damit ist es möglich, die Auswirkungen von alleenartigen Baumpflanzungen gezielt im Hinblick auf die verkehrsbedingte Schadstoffbelastung einzuschätzen.

Abstract

Within this work, the influence of tree planting on the natural ventilation in street canyons is investigated. Dispersion studies of near-ground released traffic emissions were performed in street canyons with and without avenue-like tree planting. Basic relationships were derived between characteristic parameters of tree planting and pollution concentrations due to traffic emissions. Since the influence of tree planting on flow- and concentration fields within street canyons was not studied systematically in former urban climatological and meteorological studies, an existing gap in knowledge is closed.

Primarily, wind tunnel investigations were performed in order to clarify the above stated issue. Special attention was paid to the aerodynamic modelling of trees by accounting for similarity. Moreover, numerical computations employing a k-ε turbulence closure scheme were performed for the purpose of comparison and validation. Numerous street canyon/tree planting configurations by systematic variation of characteristic parameters of tree planting were investigated.

The results reveal a significant influence of tree planting on the natural ventilation of street canyons. Trees hinder the air exchange between street canyons and their ambience. Smaller flow velocities and larger traffic emitted pollutant concentrations in street canyons with tree planting were found in comparison to the tree-free reference cases. At the canyon walls, local increases of four times higher pollutant concentrations than in the tree-free pendant were found. By applying dimensional analysis, functional relationships between planting patterns pollutant concentrations were derived. This allows to assess avenue-like tree planting in street canyons with regard to traffic-emitted pollutant concentrations.

Dankesworte

Mein Dank gilt an erster Stelle Herrn Prof. Dr. Bodo Ruck vom Laboratorium für Gebäude- und Umweltaerodynamik des Instituts für Hydromechanik an der Universität Karlsruhe/KIT für die Betreuung und Förderung der vorliegenden Arbeit. Er unterstütze mich in jeder Phase der Arbeit und stellte alle für die Durchführung des Vorhabens erforderlichen Ressourcen bereit.

Herrn Prof. Dr. Joachim Vogt, Institut für Regionalwissenschaften der Universität Karlsruhe/KIT, danke ich für die Übernahme des Korreferats.

Den Herrn Professoren Dieter Burger, Manfred Meurer und Wolfgang Rodi sei für die Teilnahme an der Promotionskommission gedankt.

Bei meinen Windkanal-Kollegen Harald Deutsch, Cornelia Frank, Patrick Heneka, Muhammed Ikhwan, Armin Reinsch und Martin Zaschke möchte ich mich für die sehr gute Zusammenarbeit, die tatkräftige Unterstützung und die zahlreichen Fachgespräche bedanken. Wann immer ich auf ihre Hilfe angewiesen war, haben sie mich unverzüglich in kompetenter und effizienter Weise unterstützt.

Ebenso möchte ich mich bei Manfred Lösche für seine große Hilfe bei elektrischen und elektronischen Angelegenheiten und bei Boris Pavlowski für die Unterstützung bei allen Fragen zur Laser-Doppler-Anemometrie bedanken.

Über die Mithilfe und Beiträge meiner Master Thesis Studenten Tushar Kanti Guha (IIT Guwahati, Indien) und Lars Venema (TU Delft, Niederlande) bin ich sehr froh und dankbar.

Bei Márton Balczó (Technische und Wirtschaftswissenschaftliche Universität Budapest, Ungarn), Riccardo Buccolieri (Universität Salento, Lecce, Italien) und Jordan Denev (Universität Karlsruhe/KIT) möchte ich mich für die interessante wissenschaftliche Zusammenarbeit und den daraus entstandenen Veröffentlichungen bedanken.

Dominic von Terzi gilt ein sehr großer Dank für seine umfangreiche und kompetente Unterstützung die ich in vielen Fachgesprächen erfahren habe.

Die Arbeit wurde von der Deutschen Forschungsgemeinschaft DFG (Ru 345/28) finanziert.

Karlsruhe, im Dezember 2008

Christof Gromke

Inhaltsverzeichnis

1. Einleitung

Grünanlagen in Stadtgebieten haben vielfältige Auswirkungen auf das Kleinklima vor Ort. Sie beeinflussen unmittelbar die solare Zugänglichkeit, den Wärme- und Feuchtehaushalt ebenso wie die bodennahen Windverhältnisse, also auch die Windkomfortsituation und die natürliche Durchlüftung. Letzteres hat mittelbar wiederum Auswirkungen auf den Wärme- und Feuchtehaushalt und vor allem auf die Luftqualität im vom Menschen belebtem Raum. Eine wichtige Klasse von städtischen Grünanlagen stellen Baumpflanzungen in Straßenschluchten dar. Hier ist durch gezielte Bepflanzung eine effektive Regulierung des Mikroklimas möglich. Jedoch können immer nur einzelne mikroklimatische Aspekte optimal reguliert werden. So ist beispielsweise an heißen Sommertagen im Hinblick auf die Regulierung von Beschattung und Wärmebudget im Straßenraum eine dichte Bepflanzung sinnvoll, im Hinblick auf die natürliche Durchlüftung aber kontraproduktiv.

Das obige Beispiel zeigt das Zusammenwirken und die damit verbundene Komplexität der unterschiedlichen Auswirkungen von Grünanlagen auf die stadtklimatologischen bzw. -meteorologischen Verhältnisse. Eine parallele Behandlung aller obig aufgeführten Aspekte samt ihren Interaktionen ist wegen der zugrunde liegenden Komplexität nicht zu bewältigen. Stattdessen bietet sich eine kombinierte analytisch/synthetische Vorgehensweise an. Einer zunächst isolierten Behandlung eines jeden einzelnen Aspekts (Analyse) folgt eine Zusammentragung der Einzelergebnisse zu einem Gesamtbild (Synthese).

In dieser Arbeit wird der analytische Schritt der Untersuchung eines Aspektes durchgeführt. Es werden die Auswirkungen von alleenartigen Baumpflanzungen in Straßenschluchten auf deren natürliche Durchlüftung und die damit verbundene Luftqualität untersucht. Vor dem Hintergrund von bodennah freigesetzten Verkehrsemissionen als Hauptquelle der innerstädtischen Schadstoffbelastung ist eine ausreichende Durchlüftung des Straßenraums ein besonders wichtiges Anliegen für die Gesundheit der Stadtbewohner. Die vom Fahrzeugverkehr freigesetzten Emissionen müssen effizient abtransportiert bzw. verdünnt werden. Daraus ergibt sich die Forderung nach einer möglichst geringen Behinderung der natürlichen Durchlüftung von Straßenzügen. Das neben unvorteilhafter Bebauung bzw. Gebäudeanordnung auch groß angelegte alleenartige Baumpflanzungen, in ohnehin schon engen städtischen Straßenschluchten zu einer Beeinträchtigung der Durchlüftung des bodennahen Bereichs führen, ist leicht vorstellbar.

Bei bisherigen stadtklimatologischen bzw. -meteorologischen Untersuchungen wurden Vegetationsflächen und deren Auswirkungen auf Luftaustausch und -qualität selten einbezogen. Die Kenntnis über den Einfluss von Baumpflanzungen in Straßenschluchten auf deren Durchlüftung fehlt. Die grundlegenden Zusammenhänge zwischen alleenartigen Pflanzcharakteristika und der natürlichen Durchlüftung sowie der damit verbundenen Luftqualität werden in der vorliegenden Arbeit untersucht. Fragestellungen wie sich die Abgasbelastungen in Straßenschluchten durch Baumpflanzungen ändern, um wie viel die Schadstoffkonzentrationen zu- oder abnehmen, oder ob es vorteilhafte Pflanzmuster oder Mindestbaumabstände bei alleenartigen Baumpflanzungen gibt und ob es möglich ist, die Auswirkungen von Baumpflanzungen auf den Luftaustausch und die Luftqualität im Straßenraum a priori in der Planungsphase abzuschätzen, wird nachgegangen. Vor dem Hintergrund einer fortschreitenden Urbanisierung und einem Anwachsen des Individualverkehrs einerseits und einem Anstieg der Erdtemperatur anderseits, ist eine im Hinblick auf die Stadtdurchlüftung und -klimatisierung optimierte Bepflanzung der Straßenräume zunehmend von Bedeutung.

2. Grundlagen zu Grenzschicht- und Straßenschluchtströmungen

2.1 Struktur der atmosphärischen Grenzschicht

In der Meteorologie bzw. Umweltaerodynamik versteht man unter der atmosphärischen Grenzschicht jene Schicht, in der die Strömungs- und Transportvorgänge durch die Erdoberfläche beeinflusst werden (Blackadar (1998), Etling (2002), Roedel (2000) und Stull (1988)). Ihre durchschnittliche Höhe δ wird mit 1 km angegeben. Im Folgenden wird der vertikale Aufbau der atmosphärischen Grenzschicht, die charakteristschen Eigenschaften des Windes und die wesentlichen dynamischen Ursachen seiner Entstehung beschrieben.

Die atmosphärische Grenzschicht bildet den unteren Teil der Troposphäre. Sie lässt sich in zwei Schichten, die Prandtl- und die Ekman-Schicht aufteilen und schließt an die freie Atmosphäre an (Abb. 2.1). In der freien Atmosphäre werden Winde durch Druckausgleichsströmungen zwischen meso- bzw. makroskaligen Hoch- und Tiefdruckgebieten initiiert. Die Coriolis-Beschleunigung führt zu einer seitlichen Ablenkung der Winde. Im stationären Zustand liegt eine isobarenparallele Strömung in der freien Atmosphäre vor, der geostrophische Wind. Dieser ist durch maximale, höhenunabhängige Windgeschwindigkeiten und sehr geringe Turbulenzen gekennzeichnet.

In der Ekman-Schicht beginnen sich die Einflüsse der Erdoberfläche in Form einer zusätzlich auftretenden Reibungskraft bemerkbar zu machen. Aufgrund der Bodenrauhigkeit wird die Strömung durch turbulente Reibungseinflüsse verlangsamt. Die seitlich ablenkende Coriolis-Kraft, die proportional zur Windgeschwindigkeit st, wird somit geringer und es kommt zu einer Drehung der Windrichtung bezogen auf den geostrophischen Wind. Diese Windrichtungsdrehung wird auch als Ekman-Spirale bezeichnet. In ihr lässt sich die Höhenabhängigkeit der Horizontalwindgeschwindigkeit durch Potenzgesetze beschreiben. Die turbulenten Fluktuationen von vektoriellen und skalaren Größen nehmen zur Erdoberfläche hin zu.

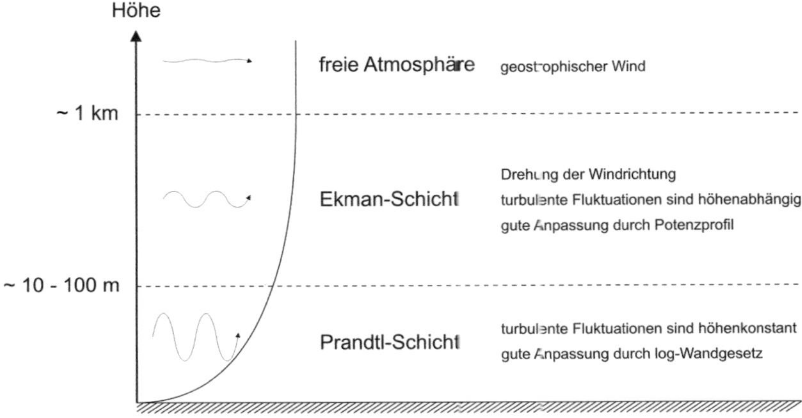

Abb. 2.1: Aufbau der atmosphärischen Grenzschicht.

In der Prandtl-Schicht werden die Windverhältnisse von turbulenter Reibung, ausgehend von der Oberflächenrauhigkeit der Erde dominiert. Turbulente Fluktuationen werden als höhenunabhängig angesehen, weshalb diese Schicht auch als "Constant-Flux-Layer" bezeichnet wird. Die vertikalen Gradienten der Horizontalkomponenten der Windgeschwindigkeit sind maximal und die Strömung am Boden kommt zum Erliegen. Vertikalprofile der Windgeschwindigkeit lassen sich in guter Näherung durch logarithmische Ansätze beschreiben.

Aufgrund der turbulenten Struktur und des damit verbundenen vertikalen Austausches von Luftmassen (und Schadstoffen) wird die atmosphärische Grenzschicht auch als Mischungs-Schicht (mixed-layer) bezeichnet (Blackadar (1998)).

2.2 Struktur der urbanen Grenzschicht

In den obigen Ausführungen zur atmosphärischen Grenzschicht wurde von einer meso- bzw. makroskaligen Betrachtung ausgegangen. Unterschiede und Veränderungen in der Oberflächenrauhigkeit im mikroskaligen Bereich resultierend aus der Topografie oder einer stark gegliederten Orografie wurden außen vorgelassen. Stadtlandschaften bestehenden aus einer Vielzahl von Bebauungsstrukturen unterschiedlicher Dichte und Höhe. Sie stellen eine ausgeprägt inhomogene Oberfläche dar und beeinflussen die Wind- und Transportverhältnisse im unteren Teil der atmosphärischen Grenzschicht (Britter und Hanna (2003), Oke (1993) bzw. Mestayer und Anquetin (1995)). Die urbane Grenzschicht wird in drei Bereiche untergliedert.

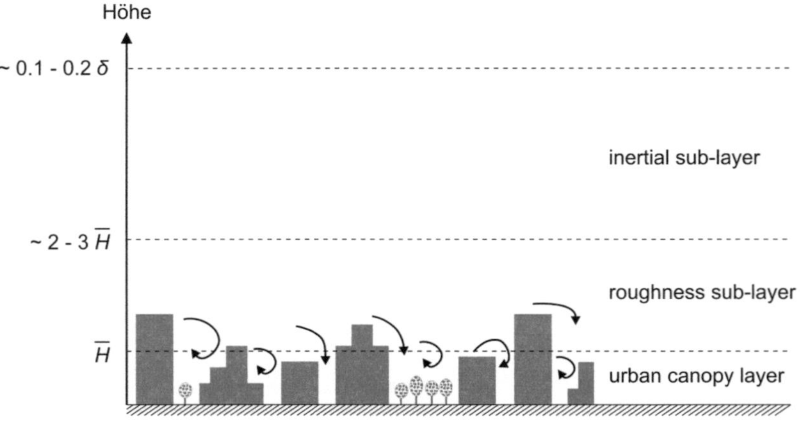

Abb. 2.2: Aufbau der urbanen Grenzschicht (δ Grenzschichthöhe, $\overline{H}$ durchschnittliche Gebäudehöhe).

In der "inertial sub-layer", der obersten von der Stadtlandschaft noch beeinflussten Schicht, ist eine integrale Wirkung der Bebauungsstruktur vorhanden. Die Stadt wird als eine Fläche homogener Rauhigkeit wahrgenommen. Das Vertikalprofil der Windgeschwindigkeit lässt sich wie in der Prandtl-Schicht mit einem logarithmischen Ansatz beschreiben. Die "inertial sub-layer" erstreckt sich bis in eine Höhe von ca. 10 - 20 % der atmosphärischen Grenzschicht.

In der darunter liegenden "roughness sub-layer" ist ein Einfluss der individuellen Elemente der Bebauungsstruktur auf die Strömungs- und Transportverhältnisse auszumachen. Charakteristisch für diese Schicht ist eine Zunahme der Reynoldsschen Schubspannungen mit der Höhe. In der Literatur wird ihre Höhe über Grund mit dem 2 - 3 fachen der durchschnittlichen Gebäudehöhe angegeben.

Die Schicht unterhalb der mittleren Bebauungshöhe wird als "urban canopy layer" bezeichnet. Die Windverhältnisse und Ausbreitungsvorgänge werden durch die in unmittelbarer Nachbarschaft befindlichen Bebauungsstrukturen geprägt. Charakteristische Strömungsstrukturen besitzen die Ausmaße von typischen Straßen- bzw. Gebäudeabmessungen.

2.3 Charakteristische Strömungsregime in der Urban Canopy Layer

Oke (1988) befasst sich mit dem Einfluss von Bebauungsstrukturen auf verschiedene stadtklimatologische bzw. -meteorologische Aspekte. Zu ihnen gehören der Windschutz bzw. -komfort, die solare Zugänglichkeit, der urbane Wärmehaushalt und die Schadstoffausbreitung. Der Windschutz bzw. -komfort wird auf die vorherrschenden Strömungsverhältnisse in den Gebäudezwischenräumen zurückgeführt. Im Hinblick auf die dominanten Windverhältnisse werden drei grundlegende Strömungsregime unterschieden, mit denen auch ein nachhaltiger Einfluss auf die Schadstoffausbreitung verbunden ist. Maßgebend für die Einteilung in eines der drei Strömungsregime ist das Verhältnis von Gebäudeabstand zu Gebäudehöhe B/H. Die drei von Oke (1988) benannten Strömungsregime sind (i) die isolierte Rauhigkeitsströmung (isolated roughness flow), (ii) die Wirbelüberlagerungsströmung (wake interference flow) und (iii) die abgehobene Strömung (skimming flow).

Gebäude stellen Strömungshindernisse dar und beeinflussen die Windverhältnisse in ihrer Nachbarschaft innerhalb einer Störzone. In Abb. 2.3 sind die Grenzen der Störzonen durch gestrichelte Linien angedeutet. Bei der nachfolgenden Betrachtung wird nur auf die Störungen luv- und leeseitig der Gebäude eingegangen.

Anhand von Abb. 2.3 (i) ist zu erkennen, dass die Gebäudestörzone aus einen luvseitigen Frontwirbel und einen leeseitigen Rezirkulationsgebiet gebildet wird, deren Abmaße von der Gebäudehöhe abhängen. Bei Gebäudeabstand- zu Höhenverhältnissen von $B/H > 2.5 - 3.0$ überlappen sich die Störzonen aufeinander folgender Gebäude nicht. Es liegt eine isolierte Rauhigkeitsströmung vor (Abb. 2.3 (i)). Die atmosphärische Strömung dringt in den ungestörten Zwischenbereich ein. Bei Längenverhältnissen von $1.2 - 1.4 < B/H < 2.5 - 3.0$ kommt es zu einer Überschneidung der Störzonen. Lee- und Luvwirbel können sich nicht mehr unabhängig voneinander ausbilden, es liegt eine Wirbelüberlagerungsströmung vor (Abb. 2.3 (ii)). Im Vergleich zur isolierten Rauhigkeitsströmung dringt nur noch ein wesentlich geringerer Teil der atmosphärischen Strömung in den Zwischenraum ein. Liegen Verhältnisse von $B/H < 1.2 - 1.4$ vor, stellt sich eine abgehobene Strömung ein (Abb. 2.3 (iii)). Die atmosphärische Strömung weht über die Dächer hinweg und treibt dabei einen Wirbel, den so genannten "Canyon Vortex", im Zwischenraum benachbarter Gebäude an. Mit abnehmenden B/H-Werten können sich auch mehrere übereinander gestapelte, gegenläufige Wirbel ausbilden.

Die sich einstellenden Strömungsregime zeigen neben der starken Abhängigkeit vom Gebäudeabstand- zum Höhenverhältnis B/H eine leichte Abhängigkeit vom Straßenlängen- zum Gebäudehöhenverhältnis L/H. Diese Abhängigkeit wird jedoch mit zunehmenden L/H-Werten geringer.

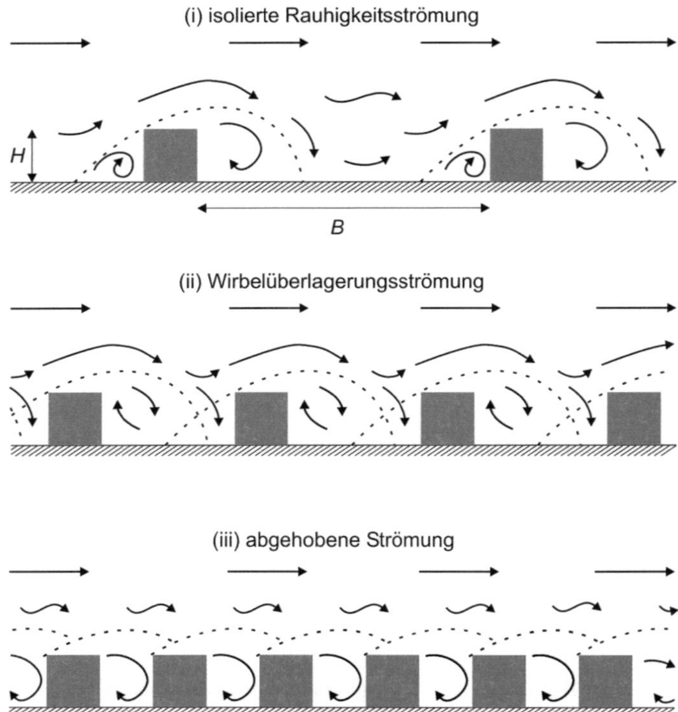

Abb. 2.3: Strömungsregime nach Oke.

2.4   Strömungsstrukturen in Straßenschluchten

Die obigen Beschreibungen der Strömungsverhältnisse innerhalb der "urban canopy layer" beziehen sich auf ein Ensemble homogen angeordneter und gleichartiger Bebauungsstrukturen. Sie vermitteln den Eindruck des Vorliegens zweidimensionaler Strömungsverhältnisse in der Umgebung von Gebäuden. Die Strömungsverhältnisse in der unmittelbaren Nachbarschaft von Gebäuden und in Straßenschluchten sind aber keineswegs zweidimensional. Abb. 2.4 zeigt das Strömungsfeld in einer endlich langen, idealisierten Straßenschlucht mit einem Straßenbreite- zu Gebäudehöhenbreitenverhältnis von $B/H \approx 1$. Bei einer Anströmung senkrecht zur Straßenlängsachse liegt nach der Klassifizierung von Oke (1988) eine abgehobene Strömung vor. Es lassen sich zwei konstituierende Wirbelstrukturen identifizieren - der Canyon Vortex und der Corner Eddy.

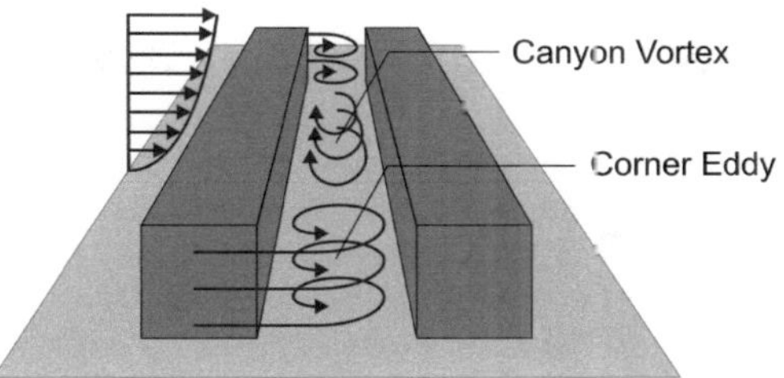

Abb. 2.4: Strömungsfeld in idealisierter Straßenschlucht.

Der Canyon Vortex (Schluchtwirbel), in Abb. 2.4 nur für den zentralen Straßenraumbereich angedeutet, wird durch Schubspannungsübertragung von der Überdachströmung angetrieben. Sein Rotationsvektor ist parallel zur Straßenlängsachse ausgerichtet. An den beiden Straßenschluchtenden ist jeweils ein zusätzlicher Wirbel mit vertikalem Rotationsvektor präsent, der so genannte Corner Eddy (Eckenwirbel), der sich aufgrund der Strömungsablösung an den seitlichen Enden der Straßenschlucht einstellt. Bedingt durch den Unterdruck im Gebäudezwischenraum werden die Corner Eddies zur Mitte der Straßenschlucht hin beschleunigt. In den äußeren Bereichen der Straßenschlucht überlagern sich die Wirbelstrukturen Canyon Vortex und Corner Eddy zu einer dreidimensionalen Strömung mit helixartigen Bahnlinien. Die seitliche Eindringtiefe der Corner Eddies weist eine Abhängigkeit von der Straßenschluchtgeometrie auf. In der Arbeit von Hunter et al. (1990/91) werden die Strömungsverhältnisse für verschiedene Straßenschluchtgeometrien, parametrisiert durch den B/H-Wert und das Straßenlängen zu Gebäudehöhenverhältnis L/H, bei senkrechter Anströmung untersucht. Auf der Basis von numerischen Untersuchungen mit einem Zweigleichungs- k-ε Turbulenzschließungsansatz werden Straßenschluchten in kubisch ($L/H \approx 1$), kurz ($L/H \approx 3$), mittellang ($L/H \approx 5$) und lang ($L/H > 7$) unterteilt. Den Untersuchungen von Hunter et al. (1990/91) zufolge, ist bei einem Verhältnis $B/H \approx 1$ nur im zentralen Bereich von langen Straßenschluchten ($L/H > 7$) ein alleinig vom Canyon Vortex dominiertes Strömungsfeld mit in Straßenlängsrichtung verschwindender Geschwindigkeitskomponente vorzufinden.

2.5 Literaturüberblick und Stand des Wissens

2.5.1 Literaturüberblick

Bisher wurden die zum Verständnis von Strömungs- und Ausbreitungsvorgängen in Straßenschluchten überliegenden Randbedingungen erläutert. Ausgehend von makro- bzw. mesoskaligen meteorologischen Strömungsphänomeren wurde die Betrachtung auf immer kleinräumigere Strömungsfelder fokussiert, an deren Ende eine allgemeine Beschreibung der Strömungsstrukturen in Straßenschluchten gegeben wurde. Darüber hinaus existiert eine Vielzahl von detaillierten Untersuchungen zu Strömungs- und Ausbreitungsvorgängen in Straßenschluchten, deren wichtigsten Ergebnisse in diesem Abschnitt wiedergegeben werden. Der folgende Literaturüberblick behandelt den Stand des Wissens getrennt nach Untersuchungen an hindernisfreien und -bestückten Straßenschluchten, gefolgt von einer Zusammenfassung wichtiger Übersichtsartikel (Reviews). In den jeweiligen Unterkapiteln werden die Untersuchungen chronologisch nach dem Erscheinungsjahr zitiert.

Hindernisfreie Straßenschluchten

Wichtige Ergebnisse von Ausbreitungs- und Strömungsverhältnissen in städtischen Straßenschluchten lieferten die Untersuchungen von DePaul und Sheih (1985) und DePaul und
Sheih (1986). Hierbei handelte es sich um eine Einzelfallstudie, durchgeführt in einer 80 m
langen und 37 m hohen Straßenschlucht in der Innenstadt von Chicago mit $B/H = 0.7$. Für
Überdachwinde senkrecht zur Straßenlängsachse untersuchten sie die Retentionszeiten von
bodennah freigesetzten Spurengasen im Straßenraum. Dabei konnten sie zeigen, dass für
den zentralen Straßenschluchtbereich die durchschnittliche Retentionszeit eine Funktion der
Überdachwindgeschwindigkeit ist. Weiterhin untersuchten sie anhand von heliumgefüllten
Luftballons und Serienphotographien die Windgeschwindigkeits- und Strömungsverhältnisse.
Bei Überschreiten einer Mindestwindgeschwindigkeit im Überdachbereich beobachteten sie
die Ausbildung eines großräumigen Wirbels im Straßenraum (Canyon Vortex). Zeitliche hoch
aufgelöste Hitzdraht-Anemometrie Messungen zeigten einen Einfluss des fahrenden Ver-
kehrs auf die Strömungsverhältnisse in Form von erhöhen Turbulenzintensitäten bis in eine
Höhe von 7 m, was bei der vorliegenden Straßenschlucht etwa 20 % der Randbebauungs-
höhe entspricht.

Transiente numerische Simulationen von Strömungs- und Schadstoffausbreitungsfeldern
in Straßenschluchten mit $0.3 < B/H < 10$ wurden von Sini et al. (1996) durchgeführt. Für die
Berechnungen kam der CFD-Code CHENSI mit einem Zweigleichungs- $k\text{-}\varepsilon$ Turbulenzmodell
zum Einsatz. Die Straßenschluchten wurden im numerischen Modell als nach oben offene,
unendlich lange Hohlräume (Cavities) abgebildet und senkrecht zu ihrer Längsachse über-
strömt. Der Schwerpunkt der Untersuchungen lag auf den Austauschvorgängen zwischen
Überdachströmung und Straßenraumluft. Das Eindringverhalten einer mit der Überdachströmung transportierten Schadstoffwolke wurde untersucht. Die Ergebnisse zeigen mit ab-
nehmendem B/H-Verhältnis höhere räumlich gemittelte Spitzenbelastungen im Straßenraum
bei gleichzeitig geringeren Retentionszeiten. In der Arbeit wurden auch Strömungs- und
Konzentrationsverhältnisse bei differenzieller Aufheizung der Gebäudewände bzw. des Bodens aufgrund von Sonneneinstrahlung simuliert. Für eine Straßenschluchtgeometrie mit
$B/H = 1.1$ ist ein deutlicher Einfluss auf die Strömungs- und Transportvorgänge im Straßenraum erkennbar. Je nachdem ob die thermisch induzierten Auftriebsströme der mechanisch
erzeugten Zirkulation entgegenwirken oder sie verstärken, kommt es zu einer Reduzierung
oder Erhöhung des Schadstoffeintrags aus der Überdachströmung in den Straßenraum.

Meroney et al. (1996) untersuchten die Ausbreitung von Verkehrsemissionen in Straßenschluchten in einem atmosphärischen Grenzschichtwindkanal. Es wurden sowohl isolierte
als auch nicht isolierte, d.h. frei stehende oder in eine Stadtlandschaft eingebettete Straßenschluchten mit luv- und leeseitig angelagerten Häuserzeilen untersucht. Die Modellstraßen-
schluchten wurden senkrecht angeströmt und seitlich von Endplatten abgeschlossen, um
das laterale Eindringen von Eckenwirbeln zu unterbinden. Durch diese Konstruktion sollten
unendlich lange Straßenschluchten mit möglichst zweidimensionalen Strömungsverhältnissen realisiert werden. Für Straßenbreite- zu Gebäudehöhenverhältnisse von $B/H = 1, 2, 3, 4$
und 8 wurden Konzentrationen an den innenseitigen Straßenschluchtwänden und auf den
Flachdächern gemessen. Zur Freisetzung der Autoabgase diente eine in den Straßenboden
eingebaute Linienquelle. Im Falle der isolierten Straßenschlucht tritt eine Strömungsablösung
im Dachbereich des luvseitigen Gebäudes auf. Der innerhalb der Ablöseblase herrschende
Unterdruck bedingt ein Ansaugen von im Straßenraum freigesetzten Verkehrsemissionen.
Strömungsvisualisierungen mit Rauch zeigen für die isolierte Gebäudeanordnung ein inter-

mittierenderes Strömungsfeld im Straßenraum im Vergleich zur nicht isolierten Anordnung. Der aufgrund der höheren Intermittenz verstärkte Luftaustausch zwischen Überdachströmung und Straßenschlucht hat geringere Schadstoffbelastungen im Gebäudezwischenraum zur Folge. Für die Konfigurationen mit B/H = 1 wurden an der leeseitigen Gebäudewand höhere Schadstoffkonzentrationen gemessen als an der luvseitigen Wand. Die maximalen Konzentrationsbelastungen treten am Boden auf und nehmen an beiden Wänden mit zunehmender Höhe ab.

Leitl und Meroney (1997) führten numerische Simulationen mit dem kommerziellen CFD-Code FLUENT aus. Das Standard k-ε und das RNG k-ε (Renormalized Group) Turbulenzmodell wurden angewendet, um die Reynolds-gemittelten Navier-Stokes Gleichungen (RANS) zu schließen. Bei einem Vergleich der 3D Berechnungsergebnisse mit Windkanalmessungen von Rafailidis et al. (1995) zeigen sich verhältnismäßig gute Übereinstimmungen in den Geschwindigkeitsfeldern aber signifikante Unterschiede in den Konzentrationsbelastungen. Die Simulationen resultierten in wesentlich geringeren Schadstoffbelastungen an der leeseitigen und höheren Belastungen an der luvseitigen Straßenschluchtwand. Zudem weist das berechnete Konzentrationsprofil an der Leewand einen nahezu höhenunabhängigen Verlauf auf. Dies steht im Widerspruch zu sämtlichen Windkanalversuchen mit bodennahen Emissionsquellen, in denen stets eine deutliche Konzentrationsabnahme mit der Höhe zu beobachten ist.

Numerische Simulationen für Straßenschluchten mit von 0.3 < B/H < 2 wurden von Baik und Kim (1999) durchgeführt. Sie setzten ein zweidimensionales k-ε Turbulenzmodell ein, um Strömungs- und Konzentrationsfelder zu berechnen. Die Anzahl der sich im Straßenraum einstellenden Wirbel in Abhängigkeit vom B/H-Verhältnis und von der Überdachwindgeschwindigkeit wurden untersucht. Bei ausreichend großen Geschwindigkeiten sind für B/H > 1.0 ein, für 0.4 < B/H < 0.7 zwei und für B/H < 0.3 drei vertikal übereinander gelegene Straßenschluchtwirbel zu erkennen. Am Beispiel einer Straßenschlucht mit B/H = 2 wird aufgezeigt, dass zur Entstehung eines Doppelwirbels ein Mindestwert der Überdachwindgeschwindigkeit überschritten werden muss. Bei kleineren Geschwindigkeiten stellt sich dagegen nur ein Wirbel im oberen Straßenraumbereich ein.

Geschwindigkeits- und Konzentrationsfelder in einem durch dünne Wände gebildeten, straßenschluchtähnlichen Zwischenraum wurden von Gerdes und Olivari (1999) in Windkanalexperimenten gemessen. Es wurden sowohl Konfigurationen mit und ohne luvseitig vorgelagerten Wänden als auch mit unterschiedlichen Wandhöhenverhältnissen untersucht. Die Schadstoffquelle befand sich auf Bodenniveau im Luv des untersuchten Zwischenraumes. In Versuchen mit vorgelagerten Wänden stellt sich im Vergleich zur isolierten Anordnung ein stärkerer Rezirkulationswirbel im Wandzwischenraum ein. Im Falle einer leeseitig höheren Wand liegt ein homogenes Konzentrationsfeld im gesamten Zwischenraum vor, wohingegen bei gleich hohen Wänden eine Konzentrationsabnahme mit der Höhe und von der Lee- zur Luvwand zu finden ist.

Umfangreiche Windkanaluntersuchungen zur Schadstoffausbreitung von bodennah aus einer Linienquelle freigesetzten Emissionen wurden auch von Kastner-Klein und Plate (1999) durchgeführt. An einem Straßenschluchtmodell mit B/H = 1 und variabler Straßenlänge L wurden zeitgemittelte Spurengaskonzentrationen an den schluchtzugewandten Gebäudewänden und Dächern gemessen. Der Einfluss des L/H-Verhältnisses, der Lage der Spurengasquelle, der Dachform, zusätzlicher luvseitig angeordneter Häuserzeilen und der Anströmungsrichtung wurde untersucht. Variationen des L/H-Verhältnisses und zusätzliche luvseitige Gebäude wirken sich hauptsächlich auf den Vertikalaustausch zwischen Straßenschluchtluft und der Überdachströmung aus. Die Dachausbildung ist entscheidend für die Lage und Ausrichtung der Wirbelstrukturen im Straßenraum. Die Lage der Spurengasquelle hat einen großen Einfluss auf die maximalen Konzentrationen an der leeseitigen Wand, für die Schadstoffbelastung an der Luvwand ist sie hingegen unbedeutend. Im Falle von Schräg- bzw. Parallelanströmung ist ein advektiver Transport und eine Akkumulation der Schadstoffe in Strömungsrichtung entlang der Straßenachse vorhanden. Diese führen zu Konzentrationszunahmen in Durchströmungsrichtung, die in Abhängigkeit von der Straßenschluchtlänge die Belastungen bei Senkrechtanströmung übersteigen können.

In Kastner-Klein (1999) sind zusätzlich zu den bereits in Kastner-Klein und Plate (1999) aufgeführten Untersuchungen noch Laser-Doppler-Anemometrie-Messungen (LDA) am isolierten Straßenmodell mit Flachdachausbildung dokumentiert. Für die senkrecht angeströmte Straßenschlucht mit $B/H = 1$ und $L/H = 10$ wurden in der anströmungsparallelen Symmetrieebene mittlere und turbulente Geschwindigkeitskomponenten gemessen. Die Messungen lassen einen Straßenschluchtwirbel mit auf halber Gebäudehöhe und leicht zum Leegebäude hin verschoben Zentrum, erkennen. Die turbulenten Fluktuationen sind im Dachkantenbereich aufgrund der Interaktion zwischen Straßenschluchtwirbel und abgehobener Überdachströmung maximal. Weiterhin wurde der Einfluss der Dachform sowie der Straßenlänge auf das Geschwindigkeitsfeld und die seitlich einströmenden Luftmassen untersucht. Beim Giebeldach tritt im Vergleich zum Flachdach eine stärkere zur Straßenschluchtmitte orientierte Strömung auf. Die Variationen von Dachform und Straßenlänge zeigen nur wenig Einfluss auf die turbulenten Strömungsgrößen innerhalb des Straßenraums.

Zeitliche aufgelöste Konzentrationsmessungen an einem Windkanalmodell wurden von Pavageau und Schatzmann (1999) unternommen. Der Modellaufbau entspricht der bereits in Meroney et al. (1996) beschriebenen nicht isolierten Straßenschlucht mit $B/H = 1$, jedoch wurden diesmal nicht nur Konzentrationen an den Gebäudewänden, sondern im gesamten Straßenschluchtraum in der anströmungsparallelen Symmetrieebene gemessen. Die maximalen Konzentrationsschwankungen treten unmittelbar im Lee der Linienquelle auf. Maximale Konzentrationsstreumaße, ausgedrückt durch das Verhältnis des 99-Perzentilwertes zum Mittelwert bzw. des instantanen Minimalwertes zum Mittelwert sind in der Straßenschlucht auf Höhe des Daches zu finden.

Experimentelle Untersuchungen in einem Wasserkanal wurden von Baik et al. (2000) unternommen. Es wurden isolierte Straßenschluchten mit gleich wie auch ungleich hohen Luv- und Leegebäuden bei Grenzschichtanströmung untersucht. Geschwindigkeitsmessungen in der anströmungsparallelen Symmetrieebene zeigen für $B/H = 1$ einen Wirbel dessen Zentrum etwas oberhalb der Straßenschluchtmitte und leicht zum Leegebäude hin verschoben ist. In Übereinstimmung damit sind die Vertikalgeschwindigkeiten der abwärtsgerichteten Strömung vor der luvseitigen Straßenschluchtwand etwas größer als jene der aufwärtsgerichteten Strömung vor der leeseitigen Wand. Bei Straßenschluchten mit $B/H = 0.3 \dots 0.5$ stellen sich Doppelwirbel ein. Die Vertikalgeschwindigkeiten des oberen Wirbels sind um den Faktor zwei bis drei größer als die des unteren Wirbels. Im Falle ungleich hoher Gebäude wurden Höhenverhältnisse von $H_{Luv}/H_{Lee} = 1.5$ und 0.67 für $B/H_{Luv} = 0.6$ bzw. 0.4 untersucht. Bei leeseitiger Anordnung des höheren Gebäudes kommt es zur Ausbildung eines Straßenschluchtwirbels, bei luvseitiger Anordnung zu zwei Wirbeln mit gegenläufigem Drehsinn.

Aussagen zum Einfluss der verkehrsinduzierten Turbulenz auf die Strömung und den Schadstofftransport im Straßenraum sind in Kastner-Klein et al. (2001) oder in Kastner-Klein

(1999) zu finden. Die Modellierung der verkehrsinduzierten Turbulenz im Windkanalexperiment wurde auf ein Ähnlichkeitskriterium von Plate (1982) zurückgeführt. Die maßgebliche Kennzahl ist hierbei die Turbulenzproduktionszahl T_P. Sie gibt das Verhältnis der durch die Kfz-Bewegung generierten Turbulenz P_V zu der Turbulenzproduktion P_W wieder, die durch den atmosphärischen Wind bei Überströmung der Bebauungsstruktur generiert wird. Die Ähnlichkeit zwischen Modell und Natur wird erreicht, wenn die Turbulenzproduktionszahlen T_P für die Natur- und Modellausführung gleich sind. Realisiert wurde die Generierung der verkehrsinduzierten Turbulenz im Modell durch auf umlaufenden Bändern montierte Plättchen. Es wurden sowohl Einbahn- als auch Gegenverkehrsituationen simuliert. Bei den Einbahnverkehrsimulationen ist ein advektiver Schadstofftransport und eine Konzentrationszunahme in Richtung der Verkehrsbewegung festzustellen. Laser-Doppler-Anemometrie-Messungen zeigen ebenfalls eine Geschwindigkeitskomponente in Richtung der Straßenlängsachse. Bei Gegenverkehrsimulationen werden keine nennenswerten straßenparallelen Geschwindigkeitskomponenten gemessen. Dahingegen ist aber ein merklicher Anstieg der Turbulenzintensitäten im Straßenraum vorhanden. Die Konzentrationsverteilung- und Belastung an den Straßenschluchtwänden bleibt im Wesentlichen unbeeinflusst. Lediglich die Maximalbelastung im Fußgängerbereich im Zentrum der Straßenschlucht weisen geringfügige Abnahmen auf.

In einer numerischen Studie von Baik und Kim (2002) wurden die Austauschmechanismen zwischen Straßenraum und Überdachströmung detaillierter untersucht. Es sollte der Frage nachgegangen werden, ob der Schadstoffaustausch hauptsächlich auf turbulenten oder advektiven Transportvorgängen beruht. Zur Anwendung kam ein zweidimensionales Strömungs- und Ausbreitungsmodell mit k-ε Turbulenzschließung. Die turbulenten und advektiven Flüsse skalarer Beimengungen in der Dachebene einer Straßenschlucht mit $B/H = 1$ und bodenseitiger Konzentrationsquelle wurden ausgewertet und gegenübergestellt. Im Falle der nicht isolierten Straßenschluchtkonfiguration sind die turbulenten Flüsse in der gesamten Dachebene auswärts gerichtet. Die advektiven Flüsse zeigen sowohl ein- als auch auswärts gerichtete Anteile. Die Integration über die Dachebene ergibt einen einwärts gerichteten advektiven Fluss, dessen Betrag jedoch kleiner ist als der Integralwert der turbulenten Flüsse. Im Falle einer isolierten Straßenschlucht ist auch der Integralwert der advektiven Flüsse nach außen gerichtet. Diese Veränderung wird auf das Unterdruckgebiet auf dem Dach des luvseitigen Gebäudes aufgrund der Strömungsablösung an der Vorderkante zurückgeführt.

Large-Eddy Simulationen (LES) zur Ausbreitung von Autoabgasen und Strömungsverhältnissen in einer unendlich langen, nicht isolierten Straßenschlucht mit $B/H = 1$ wurden von Liu und Barth (2002) durchgeführt. Ein dynamisches Subgrid-scale Modell aufbauend auf der Germano Identität wurde zur Modellierung der kleinen nicht aufgelösten Skalen und deren Auswirkungen auf die größeren, aufgelösten Wirbelstrukturen eingesetzt. Die Berechnungen wurden für eine Reynoldszahl von $Re = 12000$, gebildet mit der Geschwindigkeit in der freien Anströmung und der Gebäudehöhe, ausgeführt. Neben dem großräumigen Straßenschluchtwirbel wurden noch drei weitere kleine gegenläufig rotierende Sekundärwirbel in den beiden Straßenecken sowie an der Leewand unmittelbar unterhalb der Dachkante aufgelöst. Vergleiche mit den Windkanalmessungen von Pavageau und Schatzmann (1999) zeigen leicht höhere Schadstoffbelastungen im Straßenraum bei den Large-Eddy Simulationen. Im Allgemeinen besteht jedoch für mittlere und fluktuierende Konzentrationen eine qualitative und quantitative Übereinstimmung. Darüber hinaus wurde die Position der Linienquelle am Straßenboden variiert. Die maximalen Konzentrationen an der leeseitigen und luvseitigen Straßenschluchtwand treten bei mittiger Anordnung auf. Es zeigt sich, dass nur ein untergeordneter Einfluss von der Linienquellenlage auf die Retentionszeit der Schadstoffe im Straßenraum ausgeht.

Dezsö-Weidinger et al. (2003) führten zeitlich aufgelöste, simultane Geschwindigkeits- und Konzentrationsmessungen an einen Straßenschluchtmodell in einem Grenzschichtwindkanal durch. Das Modell bestand aus einer Straßenschlucht mit am Boden positionierter Flächenquelle sowie vier weiteren luvseitig vorgelagerten Gebäudereihen (jeweils B/H = 1, L/H ≈ 12) und wurde senkrecht angeströmt. Die Dächer der vorgelagerten Gebäude waren als Flachdächer und die der beiden abschließenden als Tonnendächer ausgebildet. Particle Image Velocimetry (PIV) und Particle Tracking Velocimetry (PTV) wurden zur Bestimmung momentaner Geschwindigkeitsfelder in der anströmungsparallelen Symmetrieebene eingesetzt. Als Spurenpartikel dienten der Strömung aus der Flächenquelle in der abschließenden Straßenschlucht zugegebene Öltröpfchen. Über eine Grauwertkonvertierung und anschließende Auswertung des PIV/PTV-Bildmaterials wurden Rückschlüsse auf die Öltröpfchenkonzentration gezogen. Hinsichtlich zeitgemittelter Messergebnisse liegt eine allgemeine Übereinstimmung mit anderen Untersuchungen vor. Die Geschwindigkeitsmessungen lassen einen Straßenschluchtwirbel mit horizontal leicht außermittig zum Leegebäude versetztem Zentrum erkennen. Maximale Öltröpfchendichten sind an der leeseitigen Straßenschluchtwand zu finden. Die Korrelationen instantaner Geschwindigkeits- und Konzentrationswerte ergeben, dass im Straßenraum turbulente Massenflüsse entgegen dem Gradienten der mittleren Konzentrationsverteilung vorliegen. Das in der Strömungsphysik weit verbreitete Prinzip, demzufolge turbulente Vorgänge einen Abbau bestehender Unterschiede bewirken, ist hier nicht präsent. Die übliche Parametrisierung turbulenter Flüsse und deren Rückführung auf mittlere Größen sind somit in diesem Fall nicht angebracht.

Von So et al. (2005) wurden ebenfalls Wind- und Konzentrationsfelder in Straßenschluchten numerisch mittels Large-Eddy Simulationen (LES) für Reynoldszahlen von $400 < Re < 2000$ untersucht. Zur Modellierung der nicht aufgelösten Skalen und deren Einfluss auf das Strömungsfeld wurde das Smagorinsky Subgrid-scale Modell eingesetzt. Für senkrechte Anströmungen wurden isolierte Straßenschluchten mit $0.5 < B/H < 3.5$ bestehend aus gleich oder ungleich hohen Gebäuden untersucht. Die Berechnungen für gleich hohe Luv- und Leegebäude zeigen, dass mit zunehmender Reynoldszahl die Übergänge zwischen den in Oke (1988) definierten Strömungsregimen, fließender werden. Die Retentionszeiten von innerhalb des Straßenraums am Boden emittierten Schadstoffen nehmen bei höheren Reynoldszahlen ab. Simulationen von Straßenschluchtkonfigurationen mit leeseitig niedrigerem Gebäude resultieren in der Vielzahl der Fälle in geringere Retentionszeiten.

Die Ergebnisse einer in situ Messkampagne zu Wind- und Temperaturverhältnissen sowie zu Strahlungs- und Energiebilanzen in einer Straßenschlucht mit B/H = 0.5 und L/H = 2.8 in Göteborg (Schweden) sind in Eliasson et al. (2006) dokumentiert. Bei senkrechten und leicht schrägen Anströmungswinkeln wurden helixartige Wirbel im Straßenraum beobachtet. Zudem stellten sie einen ausgeprägt intermittenten Charakter der Strömung im Straßenraum fest. Es kam abwechselnd zur Ausbildung von ein oder zwei übereinander gestapelten, gegenläufig rotierenden Wirbeln. Dies wurde auf die Instationarität der Überdachströmung, hervorgerufen durch die komplexe Dachgeometrie und lokale Topographie, zurückgeführt. Maximale turbulente kinetische Energien wurden vor der luvseitigen Straßenschluchtwand gemessen.

Numerische Simulationen zum Strömungs- und Schadstofftransport sowie zum Depositionsverhalten luftgetragener Partikel in Straßenschluchten sind in Nazridoust und Ahmadi (2006) beschrieben. Sie setzten den kommerziellen CFD-Code FLUENT ein und führten Berechnungen mit verschieden Turbulenzmodellen (RSM, RNG k-ε, k-ε) durch. Die Partikel-ausbreitung wurde mit einem Langrange-Ansatz mit Berücksichtigung stochastischer Anteile modelliert. Ein Vergleich mit den Windkanalexperimenten von Meroney et al. (1996) offenbart zu hohe Schadstoffkonzentrationen in den numerischen Simulationen, wobei die geringsten Abweichungen mit dem RSM Turbulenzmodell erzielt wurden. Die größte Depositionsrate von im Straßenraum freigesetzten Partikeln tritt an der leeseitigen Wand und an zweiter Stelle am Straßenboden auf. Mit zunehmender Überdachwindgeschwindigkeit ist eine Abnahme der Depositionsrate im Straßenraum zu verzeichnen.

Die Ausbreitung von Verkehrsemissionen bei paralleler Einbeziehung chemischer Transformationen ihrer reaktiven Komponenten wurde in numerischen Simulationen von Baik et al. (2007) für eine Straßenschlucht mit B/H = 1 modelliert. Dabei wurde das Strömungsfeld unter Zuhilfenahme eine RNG k-ε Turbulenzmodells berechnet. Für die Ausbreitungsberechnung reaktiver Spezies wurden gekoppelte Transportgleichungen für die Stickoxide NO, NO_2 und Ozon O_3 unter Beachtung chemischer Reaktionen und photolytischer Effekte herangezogen, die im Prinzip als erweiterte Advektions-Diffusionsgleichungen aufgefasst werden können. Bilanzierungen der Größenordnungen ergeben, dass für die Konzentrationsverhältnisse innerhalb der Straßenschlucht bei den Stickoxiden die advektiven und turbulenten Transportterme gegenüber den chemischen Transformationstermen überwiegen. In der Ozon-Transportgleichung sind die Terme jedoch von gleicher Größenordnung. Folglich sind für die Bestimmung der Ozonkonzentrationen im Straßenraum die chemischen Transformationen und photolytischen Effekte zu berücksichtigen.

Hindernisbestückte Straßenschluchten

Die Auswirkungen von Baumpflanzungen auf die Strömungsverhältnisse und Ausbreitung von Verkehrsemissionen im Straßenraum wurde erstmalig von Gross (1997) mit dem numerischen Modell ASMUS untersucht. In ASMUS ist ein Zweigleichungs- k-ε Turbulenzmodell zur Schließung der Reynolds-gemittelten Navier-Stokes Gleichungen (RANS) implementiert. Poröse Vegetationsstrukturen und deren Auswirkungen auf die Strömung werden durch zusätzliche Terme in den Transportgleichungen für Impuls und turbulente kinetische Energie berücksichtigt. Diese zusätzlichen Terme basieren auf baumaerodynamisch relevanten Parametern wie Blattwiderstandsbeiwerten, Blattflächendichten sowie Standdichten und sind in Gross (1993) beschrieben. Es wurden die beiden Fälle unerdlich langer Straßenschluchten (B/H = 1) ohne und mit unmittelbar vor den Häuserwänden angeordneten Baumreihen simuliert und miteinander verglichen. Im Straßenraum mit Baumpflanzungen wurden kleinere Strömungsgeschwindigkeiten berechnet. Der Straßenschluchtwirbel wird durch die randseitigen Bäume abgebremst und besitzt eine geringere Zirkulation. In die Straßenraumhälfte vor der Leewand kommt es zu Konzentrationsanstiegen von ca. 10 %. In der gegenüberliegenden Hälfte zeigen sich keine merkbaren Einflüsse der Baumpflanzungen auf die Schadstoffbelastung.

Der Beeinflussung einer Hohlraumströmung (Cavity mit B/H = 1) durch vertikal aufgestellte Kreiszylinder wurde in einer experimentellen Studie von Gayev und Savory (1999) nachgegangen. Die Zylinder waren regelmäßig angeordnet und erstreckten sich vom Boden bis in ¾ der Hohlraumhöhe. Sie besetzten 4.3 % der Hohlraumgrundfläche und 3.2 % des Hohlraumvolumens. Strömungsmessungen ergaben, dass im Vergleich zum einbaufreien Hohlraum reduzierte mittlere Geschwindigkeiten zu verzeichnen sind. Der mit dem Straßenschluchtwirbel rotierende Volumenstrom ist um 44 % geringer. Gleichzeitig sind aber auch lokal begrenzte Geschwindigkeitsüberhöhungen festzustellen. Die Zylindereinbauten bewirken einen Anstieg der turbulenten Fluktuationen von im Mittel 67 % mit lokalen Zunahmen von bis zu 200 %. Auch im Bereich oberhalb der Zylinder und unterhalb des Hohlraumabschlusses sind noch deutliche Zunahmen bei den turbulenten Geschwindigkeitsfluktuationen zu beobachten.

Ries und Eichhorn (2001) führten numerische Simulationen des Strömungs- und Schadstofftransports in einer Straßenschlucht unter Berücksichtigung des Einflusses von Baumpflanzungen mit MISKAM aus. Zur Turbulenzmodellierung wurde ein Eingleichungs- k-ε Modell, basierend auf einer Transportgleichung für die turbulente kinetische Energie und einem algebraischen Ansatz für die Dissipationsrate, angewandt. Ebenso wie bei Gross (1997) wurde der Porositätseinfluss der Baumkronen auf das Strömungsfeld durch zusätzliche Terme in den Transportgleichungen formuliert. Es wurde eine unendlich lange Straßenschlucht (B/H = 2.1) mit zwei seitlichen Baumreihen und mittig gelegener Fahrbahn mit Linienquelle untersucht. Zwischen den Baumreihen und den Häuserwänden bestand ein Abstand von ca. ¼ der gesamten Straßenschluchtbreite. Im Vergleich zum baumfreien Straßenraum resultierten die Simulationen in Windgeschwindigkeitszunahmen zwischen den Baumreihen oberhalb der Fahrbahn. Innerhalb der Baumkronen und im der Leewand vorgelagerten Bereich kommt es zu Geschwindigkeitsabnahmen. Die Ausbreitungsberechnungen zeigen für die baumbepflanzte Straße Konzentrationsanstiege vor der leeseitigen Schluchtwand und Abnahmen im restlichen Teil des Straßenraumes. Sowohl die maximalen Konzentrations- als auch Geschwindigkeitsänderungen liegen bei etwa 10 %.

Amorim et al. (2005) haben die Verkehrsabgasbelastung für eine Lisabonner Hauptverkehrsstraße ($B/H \approx 3$) mit randseitiger Baumpflanzung numerisch untersucht. Sie setzten den kommerziellen CFD-Code FLUENT mit Standard k-ε Turbulenzmodell ein. Die Simulationen wurden mit und ohne die Vegetation berücksichtigende Quell- und Senkentermerweiterungen in den Transportgleichungen ausgeführt. Die Berechnungsergebnisse wurden mit in situ durchgeführten Messungen verglichen. Es zeigt sich eine wesentlich bessere Übereinstimmung zwischen den beiden Datensätzen für Simulationen mit den die Vegetation berücksichtigenden Zusatztermen. In diesem Fall treten höhere Konzentrationsbelastungen vor und an der leeseitigen Wand auf.

Übersichtsartikel (Reviews)

Vardoulakis et al. (2003) geben einen Überblick über eine Vielzahl von mathematischen Modellen und deren Anwendungen in Luftqualitätsuntersuchungen in Straßenschluchten. Sie unterscheiden zwischen operativen und numerischen Modellen. Bei den operativen Modellen liegen weniger komplexe Gleichungen vor, die einer analytischen Behandlung zugänglich sind. Die Gleichungen enthalten dabei oft empirische Annahmen und sind teilweise stark vereinfacht. Beispiele hierfür sind Box- und Gaußmodelle. Eine detaillierte Studie zur Leistungsfähigkeit operativer Modelle ist in Vardoulakis et. al (2007) zu finden. Es werden Vergleichsberechnungen durchgeführt mit operativen Modellen den Schadstoffmessungen in zwei Straßenschluchten in England gegenübergestellt. Im Gegensatz dazu werden bei den numerischen Modellen Differentialgleichungen durch algebraische Differenzengleichungen diskretisiert und gelöst. Dieser Lösungsweg ist wesentlich zeitaufwendiger. Als Beispiele hierfür werden CFD-Modelle genannt.

Ahmad et al. (2005) beschränken sich darauf Ergebnisse aus Windkanaluntersuchungen zusammenzufassen. In ihrer Arbeit werden zunächst wesentliche Definitionen und Terminologien die in Verbindung zu Straßenschluchtgeometrien und Strömungsregimen stehen, wiedergegeben. Charakteristische Strömungsfelder um Einzelgebäude und in Straßenräumen werden beschrieben, die für die Schadstoffausbreitung- und den Transport wichtigen Mechanismen herausgearbeitet. Die besprochenen experimentellen Arbeiten werden nach geometrischen Kriterien wie B/H - bzw. L/H-Verhältnis und Anströmungsrichtung klassifiziert. Die Auswirkungen der verkehrsinduzierten Turbulenz auf die Konzentrationsbelastungen in Straßenschluchten werden diskutiert.

In Holmes und Morawska (2006) werden numerische Modelle und ihr Vermögen die Ausbreitung von gasförmigen Beimengungen und Partikeln in Straßenschluchten und Stadtgebieten zu modellieren, besprochen. Sie unterteilen die Modelle in Abhängigkeit unterschiedlicher Ansätze und nach steigender Komplexität in Box-, Gauß-, Lagrange- und CFD-Modelle. Es werden die Vor- und Nachteile der jeweiligen Ansätze diskutiert. Hinsichtlich der Partikelausbreitung kommen sie zu dem Schluss, dass für die Abbildung von Partikelanzahlkonzentrationen zusätzliche Module zur Berücksichtigung der Aerosoldynamik unter Einbeziehung von Nukleations-, Koagulations- und Kondensationsprozessen in die Modelle eingearbeitet werden müssen. Hingegen sind für die Abbildung von Partikelmassenkonzentrationen keine zusätzlichen Module erforderlich.

Eine Besprechung verschiedener CFD-Modelle ist in Li et al. (2006) zu finden. Vor- und Nachteile der in den CFD-Modellen eingesetzten RANS-, LES- und DES-basierten Turbulenzmodellierungsansätze werden diskutiert. Sie empfehlen die Anwendung von RANS-basierten Ansätzen für die Berechnung von Schadstoffbelastungen bei regulativen Anforderungen. Um grundsätzliche Fragen bei Ausbreitungsproblemen im wissenschaftlichen Kontext zu untersuchen, empfehlen sie den Einsatz von LES. Es werden auch die Möglichkeiten von Euler- (Lösung der Advektions-Diffusions Gleichung) und Lagrangeansätzen (Partikelverfolgung) zur Konzentrationsfeldberechnung gegenübergestellt. Sie kommen zu dem Schluss, dass in Quellnähe und in stark komplexem Terrain der Lagrangeansatz Vorteile gegenüber dem Euleransatz besitzt, im Fernfeld jedoch umgekehrte Verhältnisse vorliegen. Als Konsequenz sehen sie eine hybride Modellierung als optimales Verfahren an.

2.5.2 Zusammenfassung und Fazit aus dem Stand des Wissens

Die nachfolgenden Tabellen geben einen Überblick über alle zuvor besprochen Arbeiten zu Straßenschluchten mitsamt ihren wesentlichen, sie charakterisierenden Parametern. Sofern nicht gesondert vermerkt, wurden jeweils Anströmungen senkrecht zur Straßenlängsachse untersucht.

Referenz	Methodik	Straßenschlucht-Parameter		Bemerkung
DePaul und Sheih (1985, 1986)	Natur	B/H = 0.7, 3D, ni	K, W	Straßenschlucht in Chicago
Sini et al. (1995)	num. k-ε	B/H = 0.3 … 10, 2D, Cavity	K, W	transiente Simulation
Meroney et al. (1996)	exp. div. RANS	B/H = 1 … 8, 2D, i + ni	K	Beschreibung Linienquelle
Leitl und Meroney (1997)	num. div. RANS	B/H = 1, 2D + 3D i + ni	K, W	
Baik und Kim (1999)	num. k-ε	B/H = 0.3 … 2, 2D, ni	K, W	
Gerdes und Olivari (1999)	exp.	B/H = 1, 2D, ni	K, W	Schadstoffquelle außerhalb luvseitig
Kastner-Klein (1999), Kastner-Klein und Plate (1999)	exp.	B/H = 1, 3D, i + ni	K, W	Schräganströmung, Variation der Dachform
Pavageau und Schatzmann (1999)	exp.	B/H = 1, 2D, ni	K	zeitaufgelöste Messungen
Baik et al. (2000)	exp. k-ε	B/H = 0.3 … 1, 2D, i	W	ungleich hohe Gebäude
Kastner-Klein et al. (2001)	exp.	B/H = 1, 3D, i	W	verkehrsinduzierte Turbulenz
Baik und Kim (2002)	num. k-ε	B/H = 1, 2D, ni	K, W	Austauschmechanismen im Dachbereich
Liu und Barth (2002)	num. LES	B/H = 1, 2D, ni	K, W	Re = 12000
Dezsö-Weidinger et al. (2003)	exp.	B/H = 1, 2D, ni	K, W	gleichzeitige Messung von K + G
So et al. (2005)	num. LES	B/H = 0.5 … 3.5, 2D, i	K, W	400 < Re < 2000
Eliasson et al. (2006)	Natur	B/H = 0.5, 3D	W	Straßenschlucht in Göteborg
Nazridoust und Ahmadi (2006)	num. div. RANS	B/H = 1, 2D, ni	K, W	Partikelausbreitung und -deposition
Baik et al. (2007)	num. k-ε	B/H = 1, 2D, ni	K, W	incl. chemischer Reaktionen

Tab. 2.1: Überblick zu bisherigen Ausbreitungs- und Strömungsuntersuchungen in hindernisfreien Straßenschluchten nach Kap. 0 (i: isolierte Straßenschlucht, ni: nicht isolierte Straßenschlucht, K: Konzentrationen, W: Windfeld).

Referenz	Methodik	Straßenschlucht-Parameter		Bemerkung
Gross (1997)	num. $k\text{-}\varepsilon$	$B/H = 1$, 2D, ni	K, W	alleenartige Baumpflanzung
Gayev und Savory (1999)	exp.	$B/H = 1$, 2D, Cavity	W	Zylinder in Cavity
Ries und Eichhorn (2001)	num. $k\text{-}\varepsilon$	$B/H = 2.1$, 2D, ni	K, W	alleenartige Baumpflanzung
Amorim et al. (2005)	num. $k\text{-}\varepsilon$	$B/H = 3$, 3D ni	K, W	Alleenartige Baumpflanzung in Lisabon

Tab. 2.2: Überblick zu bisherigen Ausbreitungs- und Strömungsuntersuchungen in hindernisbestückten Straßenschluchten nach Kap. 0 (i: isolierte Straßenschlucht, ni nicht isolierte Straßenschlucht, K: Konzentrationen, W: Windfeld).

Der Literaturüberblick zeigt, dass die Strömungs- und Ausbreitungsvorgänge in hindernisfreien Straßenschluchten bereits ausgiebig untersucht wurden und auch Detailfragen zum Teil schon geklärt sind. Dem gegenüber finden sich aber nur wenige Arbeiten, die die Auswirkungen von Hindernissen, wie beispielsweise Bäumen bzw. alleenartigen Baumpflanzungen, auf die Strömungs- und Ausbreitungsvorgänge in Straßenschluchten behandeln. In den wenigen Arbeiten sind zudem immer nur Einzelfälle untersucht worden, deren Ergebnisse keine allgemeingültigen Aussagen zulassen. Systematische Untersuchungen mit Parametervariationen, die eine Klärung der grundlegenden Phänomenologie erlauben, fehlen. Daraus leitet sich ein Untersuchungsbedarf zur Schließung der Wissenslücke ab.

3. Messtechnik

In den Windkanaluntersuchungen wurden Konzentrationsmessungen eines Spurengases und Windgeschwindigkeitsmessungen durchgeführt. Dabei wurde zur Messung der Spurengaskonzentrationen die Elektroneneinfangdetektion (ECD - electron capture detection) und zur Messung der Windgeschwindigkeiten die Laser-Doppler-Anemometrie (LDA) eingesetzt.

3.1 Konzentrationsmessungen mittels Elektroneneinfangdetektion

3.1.1 Prinzip der Elektroneneinfangdetektion (ECD)

Die Methode der Elektroneneinfangdetektion eignet sich zum Nachweis von Gasen mit hoher Elektronenaffinität in geringen Konzentrationen (Spurengaskonzentrationen). Die Elektronenaffinität ist ein Maß für die Energiedifferenz zwischen dem Grundzustand eines neutral geladenen Atoms bzw. Moleküls und dem Grundzustand des entsprechenden einfach negativ geladenen Ions. Eine negative Elektronenaffinität bedeutet, dass bei der Aufnahme eines Elektrons Energie freigesetzt wird und der Grundzustand des einfach geladenen Anions energetisch günstiger ist als der des neutralen Atoms bzw. Moleküls. Beispiele für Moleküle mit hoher Elektronenaffinität sind halogenhaltige Verbindungen.

Bei der Konzentrationsbestimmung durch Elektroneneinfangdetektion wird ein Gasgemisch bestehend aus Luft, einem Trägergas und dem nachzuweisenden Spurengas in eine Ionisationskammer geführt (Abb. 3.1).

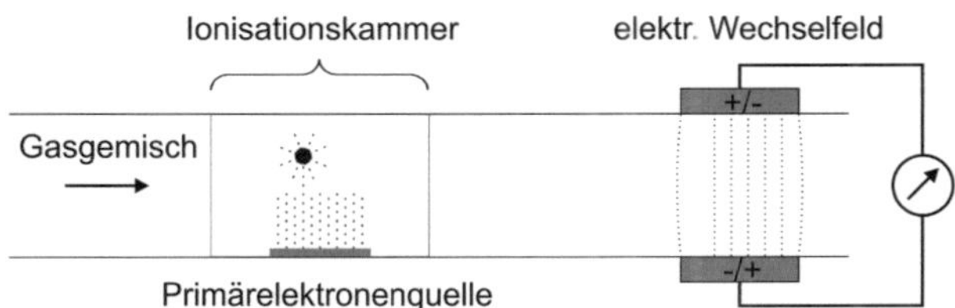

Abb. 3.1: Schematischer Aufbau eines Elektroneneinfangdetektors (ECD).

In der Ionisationskammer befindet sich eine Elektronenquelle, die Primärelektronen emittiert. Kollidieren Primärelektronen mit Trägergasmolekülen, werden aus diesen Elektronen abgespalten. Bei dem Prozess kommt es zu einer Elektronenvervielfachung, es entstehen Sekundärelektronen und positiv geladene Trägergasionen. Ein Teil der freien Elektronen wird von den elektronenaffinen Spurengasmolekülen eingefangen, diese erhalten dadurch eine negative Ladung. Im Anschluss an die Ionisationskammer passiert das Gasgemisch ein hochfrequentes elektrisches Wechselfeld. In diesem Wechselfeld wandern die verbliebenen, nicht eingefangenen freien Elektronen zur Anode und verursachen einen elektrischen Strom zwischen Kathode und Anode. Die Trägergaskationen sowie die Spurengasanionen werden aufgrund ihrer Massenträgheit nicht wesentlich von ihrer Bahn durch das hochfrequente elektrische Wechselfeld abgelenkt, sie erreichen nicht die Kathode bzw. Anode. Somit ist die Stromstärke allein abhängig von der Anzahl der verbliebenen freien Elektronen. Die Anzahl der freien Elektronen ist wiederum abhängig von der Anzahl der elektronenaffinen Spurengasmoleküle. Ist diese groß, so werden viele Elektronen eingefangen und die Stromstärke ist entsprechend gering bzw. bei kleinen Spurengasmolekülanzahlen hoch. Die Stromstärke kann also als Maß für die Spurengaskonzentration herangezogen werden.

3.1.2 Eingesetzter Elektroneneinfangdetektor

Zum Nachweis des in den Windkanalversuchen freigesetzten elektronenaffinen Spurengases, Schwefelhexafluorid SF_6, kam ein Leckmessgerät vom Typ Meltron LH 108 zum Einsatz. Bei diesem Gerät wird Argon als Trägergas verwendet. Als Primärelektronenquelle dient eine β^--Strahlung hervorgehend aus dem radioaktiven Zerfall eines Nickelisotops (Ni^{63}). Die Bestimmung der Spurengaskonzentration von Schwefelhexafluorid erfolgt bei diesem Gerät abweichend von der oben geschilderten Beschreibung nicht direkt über die Messung der Stärke des elektrischen Stromes zwischen Kathode und Anode, sondern über die Messung der geregelten Wechselfrequenz des elektrischen Feldes, die notwendig ist, um einen konstanten Stromfluss aufrechtzuerhalten (Meltron, 1980). Als Kenngröße hierfür wird von dem Gerät abschließend ein Spannungswert ausgegeben.

Da der eingesetzte Elektroneneinfangdetektor überwiegend Anwendung in der Lecksuche findet, wird der Messbereich in einer Leckrateneinheit mit 10^{-8} - 10^{-4} bar ml/s (Druck•Volumen/Zeit) angegeben. Für die vorliegenden Untersuchungen ist jedoch eine Konzentrationsangabe beispielsweise in den physikalischen Größen Masse/Masse, Masse/Volumen oder Teilchen/Teilchen sinnvoller. Im Folgenden wird deshalb die Umrechung von Leckrate [bar ml/s] in eine Teilchenkonzentration (Anzahlkonzentration) [ppm] beschrieben.

3.1.2.1 Umrechnung von Leckrate in Teilchenkonzentration (Anzahlkonzentration)

Die Leckrate lässt sich unter Zuhilfenahme der Zustandsgleichung für ideale Gase in einen Massenstrom m/t umrechnen

$$\dot{m} = \frac{m}{t} = \frac{pV/t}{R/M_i\,T} \tag{3.1}$$

Hierbei sind pV/t die Leckrate, R die allgemeine Gaskonstante (R = 8.315 J/(kg mol)), M_i die molare Masse des nachzuweisenden Spurengases (M_{SF6} = 0.146 kg/mol) und T die absolute Temperatur. Dieser Massenstrom kann mit der Avogadro-Konstanten N_A = 6.022*10^{23} Teilchen/mol in einen Teilchenstrom TS_{SG} des Spurengases umgerechnet werden

$$TS_{SG} = \frac{\dot{m}}{M_i} N_A \tag{3.2}$$

Vor der Einleitung in die Ionisationskammer (Abb. 3.1) wird der Teilchenstrom TS_{SG} mit einem Ansaugvolumenstrom (Sniffer Flow) V_{SF}/t gemischt. Dieser Ansaugvolumenstrom ist nach Größe und Zusammensetzung gerätespezifisch. Beim eingesetzten Elektroneneinfangdetektor vom Typ Meltron LH 108 beträgt er V_{SF}/t = 1.333 cm^3/s und setzt sich aus den Bestandteilen der Luft und dem Trägergas (Argon) zusammen. Der Ansaugvolumenstrom lässt sich in einen Teilchenstrom umrechnen

$$TS_{SF} = \frac{V_{SF}/t}{V_i} N_A = \frac{\dot{V}_{SF}}{V_i} N_A \qquad (3.3)$$

mit dem molaren Volumen V_i = 22.4 l/mol für ideale Gase. Schließlich ergibt sich die Spurengaskonzentration c in Teilchen/Teilchen als das Mischungsverhältnis der beiden Teilchenströme zu

$$c = \frac{TS_{SG}}{TS_{SF} + TS_{SG}} \approx \frac{TS_{SG}}{TS_{SF}} \qquad (3.4)$$

Hiermit ist es nun möglich den vom Hersteller in Leckraten angegebenen Messbereich von 10^{-8} - 10^{-4} bar ml/s in Teilchenkonzentrationen umzurechnen. Die Umrechnung gemäß Gln. (3.1) - (3.4) liefert einen Messbereich von 0.007 - 69 ppm.

Abschließend soll noch angemerkt werden, dass bei idealen Gasen bzw. Gasgemischen - solche liegen vor - der Zahlenwert der Teilchenkonzentration (Anzahlkonzentration) demjenigen der Volumenkonzentration entspricht (Gesetz von Avogadro).

3.1.2.2 Kalibrierung des Elektroneneinfangdetektors Meltron LH 108

Die Konzentrationsbestimmung mit dem verwendeten Elektroneneinfangdetektor vom Typ Meltron LH 108 erfordert eine Umrechnung der vom Gerät ausgegebenen Spannungswerte in Spurengaskonzentrationen c. Für deren Beziehung wird die Existenz eines funktionalen Zusammenhanges, einer Kalibrierungsfunktion, angenommen. Zur Ermittlung dieser Kalibrierungsfunktion wurden die ausgegebenen Spannungswerte für definierte Spurengaskonzentrationen (Eichgase) aufgezeichnet (Abb. 3.2). Eine Regressionsanalyse unter Zugrundelegung eines Potenzansatzes der Form

$$c = a \cdot \left(Spannungswert \times VF \right)^b \qquad (3.5)$$

lieferte mit dem Verstärkungsfaktor VF = 100 und den Kalibrierungsfaktoren a = 0.0002 und b = 1.7947 eine zufrieden stellende Anpassung an die Messwerte mit einem Bestimmtheitsmaß von R^2 = 0.9967.

Da die beiden Kalibrierungsfaktoren keine konstanten, sondern von diversen Einflüssen (Lufttemperatur, -feuchte, -zusammensetzung, Reinheitsgrad des Trägergases, Betriebstemperatur des Messgerätes usw.) abhängige Parameter sind, ist eine zum Messvorgang zeitnahe Ermittlung erforderlich. Die oben beschriebene Vorgehensweise zur Bestimmung der Kalibrierungskoeffizienten durch eine Regressionsanalyse ist jedoch sehr aufwendig und unpraktikabel für die Messpraxis. Stattdessen können die Kalibrierungskoeffizienten a und b unter Voraussetzung der Gültigkeit des Potenzansatzes Gl. (3.5) auch durch eine zweipunktbasierte Messung definierter Spurengaskonzentrationen c_1 und c_2 bestimmt werden. Mit den Zuordnungen

$$c_1 = a \cdot X_1^b \qquad (3.6)$$

$$c_2 = a \cdot X_2^b \tag{3.7}$$

wobei X_1 und X_2 die Ausgabewerte des Elektroneneinfangdetektors sind (Spannungs-wert x *VF*), lassen sich die Kalibrierungskoeffizienten *a* und *b* berechnen zu

$$a = \frac{c_1}{X_1^{\log_{(x_2/x_1)}(c_2/c_1)}} \tag{3.8}$$

$$b = \log_{(x_2/x_1)}(c_2/c_1) \tag{3.9}$$

Eine auf diese Art berechnete Kalibrierungsfunktion, basierend auf den definierten Spuren-gaskonzentrationen c_1 = 4.31 ppm und c_2 = 9.94 ppm mit *a* = 0.0002 und *b* = 1.7502, ist e-benfalls in Abb. 3.2 eingetragen. Da eine zufrieden stellende Übereinstimmung mit den Messergebnissen ersichtlich ist, wurde diese zweipunktbasierte Berechnungsmethode für die Kalibrierungskoeffizienten in der Messpraxis übernommen.

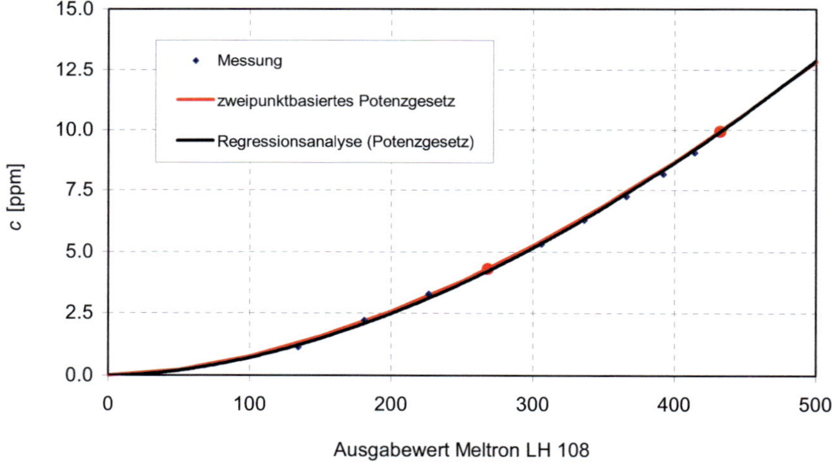

Abb. 3.2: Kalibrierung des Elektroneneinfangdetektors (Meltron LH 108).

3.1.2.3 Messgenauigkeit

Die Messgenauigkeit wird u. a. durch gerätespezifische Eigenschaften wie das Auflösever-mögen und sonstige interne Vorgänge bestimmt. Weiterhin werden durch die Approximation der Kalibrierungsfunktion mittels des oben beschriebenen Ansatzes Gl. (3.5) Ungenauigkei-ten eingebracht. In der messtechnischen Realisierung kommen noch weitere Faktoren, die sich nachteilig auf die Messgenauigkeit auswirken, hinzu. Diese umfassen Abweichungen in den Versuchsrandbedingungen wie der Konstanz der Spurengasquelle, des generierten Windfeldes und der Positionierung der Messstelle.

In der folgenden Betrachtung der Messgenauigkeit sind all diese Einflüsse integral berücksichtigt. Sie basiert auf der Analyse von Mehrfachmessreihen, durchgeführt an 98 Konzentrationsmessstellen des Straßenschluchtmodells bei einer Integrationszeit von 105 s je Messstelle. Die Messreihen sind durch Zeiträume von jeweils ca. 6 Monaten getrennt mit zwischenzeitlichem Ausbau des gesamten Straßenschluchtmodells aus dem Windkanal, so dass sie als voneinander unabhängig angesehen werden können. In Abb. 3.3 sind die Ergebnisse der Messgenauigkeitsanalyse basierend auf 3 Messreihen dargestellt.

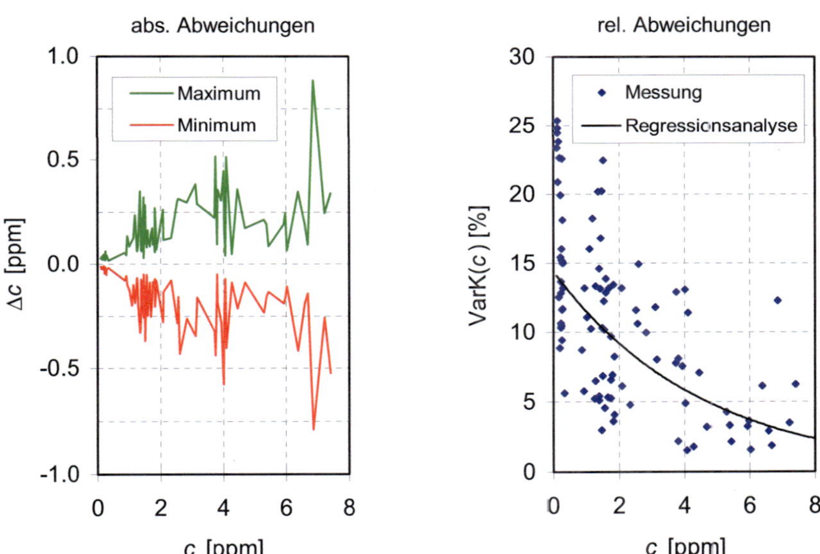

Abb. 3.3: Messgenauigkeit des Elektroneneinfangdetektors (Meltron LH 108).

Abb. 3.3 (links) zeigt die absoluten Abweichungen Δc der maximalen und minimalen Konzentrationen vom Schätzwert des wahren Wertes der Messstelle. Als Schätzwert für den wahren Wert wurde das empirische Mittel aller 3 Messungen herangezogen. Es ist deutlich zu erkennen, dass mit zunehmender Konzentration c die absoluten Abweichungen größer werden. Abb. 3.3 (rechts) zeigt die relativen Abweichungen, aufgetragen als Variationskoeffizient VarK(c) der als Stichprobe aufgefassten Messdatengrundlage. Der Variationskoeffizient wurde hierbei als Schätzwert aus der empirischen Standardabweichung s, bezogen auf das empirische Mittel c, berechnet, gemäß

$$\text{VarK}(c) = \frac{s}{c} = \frac{\sqrt{\frac{1}{2}\sum_{i=1}^{3}\left(c_i - \frac{1}{3}\sum_{i=1}^{3}c_i\right)^2}}{\frac{1}{3}\sum_{i=1}^{3}c_i} \tag{3.10}$$

Im Gegensatz zu den absoluten Abweichungen nehmen die relativen Abweichungen für größere Konzentrationen c ab. Eine Regressionsanalyse für einen angenommenen funktionalen Zusammenhang in der Form eines Exponentialansatzes liefert

$$\mathrm{VarK}_{Reg}(c) = 0.144 \cdot e^{-0.225\,c} \tag{3.11}$$

Anhand von Gl. (3.11) kann nun die Messgenauigkeit in Abhängigkeit von der Größe des Konzentrationswertes eingeschätzt werden.

3.2 Geschwindigkeitsmessungen mittels Laser-Doppler-Anemometrie

3.2.1 Grundlegende Prinzipien der Laser-Doppler-Anemometrie

Bei diesem Geschwindigkeitsmessverfahren handelt es sich um eine berührungslose Messtechnik, bei der der optische Doppler Effekt ausgenutzt wird. Die Geschwindigkeitsinformation liegt in der Frequenzverschiebung von an den Oberflächen bewegter Partikel gestreuten elektromagnetischen Wellen (Licht). Als Lichtquellen werden Laser eingesetzt, deren Licht sich aufgrund der Schmalbandigkeit (Monochromasie) und Kohärenz eignet. Als Streuobjekte dienen feinste, in der Strömung suspendierte Partikel. Eine essentielle Voraussetzung für den Rückschluss von der Partikelgeschwindigkeit auf die Strömungsgeschwindigkeit ist, dass diese der Strömung ideal folgen.

3.2.1.1 Der Doppler-Effekt

Die Vorgänge bei der Lichtstreuung an der Oberfläche eines bewegten Partikels und die daraus resultierende Frequenzverschiebung sind in Abb. 3.4 dargestellt.

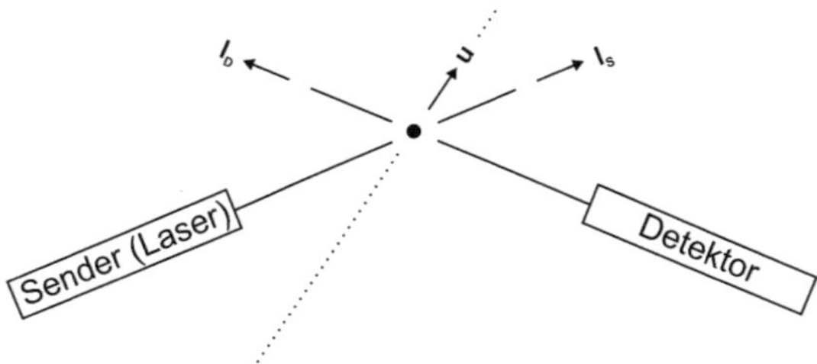

Abb. 3.4: Lageplan zum Doppler-Effekt.

Es treten zwei unmittelbar nachgeschaltete Doppler Effekte auf. Zunächst kommt es zu einer Frequenzverschiebung in der Konstellation ruhender Sender (Lichtquelle) - bewegter Empfänger (Partikel). Die von einem mit dem Partikel mitbewegten Beobachter festgestellte verschobene Sendefrequenz f_B berechnet sich zu

$$f_B = f_S\left(1 - \frac{u\,l_s}{c}\right) \tag{3.12}$$

Hierbei sind f_S die Sendefrequenz, u der Vektor der Partikelgeschwindigkeit, l_s der Richtungsvektor der Laserstrahlausbreitung und c die Lichtgeschwindigkeit. Im Anschluss daran kommt es zum zweiten Doppler-Effekt in der Konstellation bewegter Sender (Partikel) - ruhender Empfänger (Detektor). Die vom Detektor wahrgenommene Frequenz f_D ist

$$f_D = f_B\left(1 - \frac{\mathbf{u}\mathbf{l_D}}{c}\right)^{-1} \tag{3.13}$$

wobei $\mathbf{l_D}$ der Detektionsrichtungsvektor ist. Die resultierende Frequenzverschiebung berechnet sich also zu

$$f_D = f_S\left(1 - \frac{\mathbf{u}\mathbf{l_S}}{c}\right)\left(1 - \frac{\mathbf{u}\mathbf{l_D}}{c}\right)^{-1} \tag{3.14}$$

Gl. (3.14) kann in einer Taylorreihe entwickelt werden. Bei Vernachlässigung Terme höherer Ordnung ergibt sich

$$f_D = f_S\left(1 - \frac{\mathbf{u}\mathbf{l_S}}{c} + \frac{\mathbf{u}\mathbf{l_D}}{c}\right) \tag{3.15}$$

Weitere Erläuterungen zu den physikalischen Grundlagen des (optischen) Doppler-Effekts können in Ruck (1987) bzw. Ruck (1990b) sowie in Lehrbüchern zur allgemeinen Physik (Grehn, 1991; Hering et al., 2002; Gerthsen und Meschede, 2004) gefunden werden.

3.2.1.2 Umsetzung in der Laser-Doppler-Anemometrie

Das im vorangegangenen Abschnitt beschriebene Verfahren unter zu Hilfenahme nur eines Laserstrahls ist mit dem Nachteil hoher, d.h. im Bereich des Lichtspektrums (10^{14} ... 10^{15} Hz) liegender, Doppler-verschobener Signalfrequenzen behaftet. Da die Auflösung solch hoher Signalfrequenzen Probleme bereitet, nutzt man wie in Abb. 3.5 dargestellt, einen modifizierten Aufbau zur Geschwindigkeitsmessung. Bei diesem Verfahren werden zwei Laserstrahlen (Partialstrahlen) eingesetzt, deren Schnittpunkt den Geschwindigkeitsmessort (Messvolumen) bestimmen.

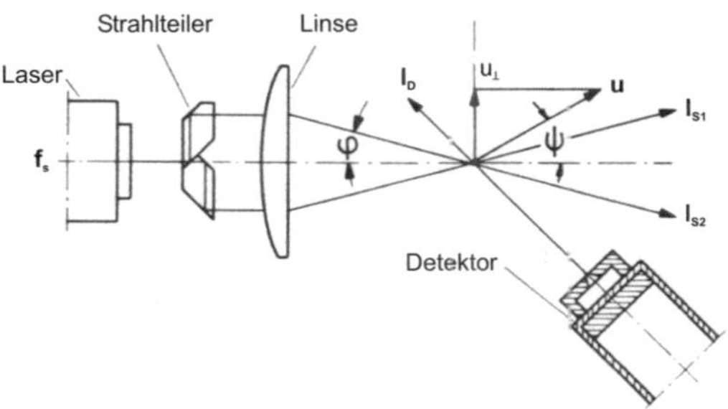

Abb. 3.5: Aufbau eines LDA-Systems nach Ruck (1987).

Die Geschwindigkeitsbestimmung kann nun anhand von zwei unterschiedlichen Ansätzen erklärt werden. Es sind dies ein wellentheoretisch und ein Interferenzstreifen-basiertes Modell (Ruck, 1987; Ruck, 1990b). Im Folgenden wird das wellentheoretische Modell zur Erklärung herangezogen.

Vom Detektor wird die Überlagerung zweier zweifach Doppler-verschobener Lichtwellen mit den Signalfrequenzen

$$f_{D1} = f_S\left(1 - \frac{\mathbf{u}\mathbf{I}_{S1}}{c} + \frac{\mathbf{u}\mathbf{I}_D}{c}\right) \tag{3.16}$$

und

$$f_{D2} = f_S\left(1 - \frac{\mathbf{u}\mathbf{I}_{S2}}{c} + \frac{\mathbf{u}\mathbf{I}_D}{c}\right) \tag{3.17}$$

empfangen. Die Überlagerung führt zu einer hochfrequenten Signalwelle mit $f_h = (f_{D1} + f_{D2})/2$, aufmodelliert auf einer niederfrequenten Signalwelle mit $f_n = (f_{D1} - f_{D2})/2$. Die niederfrequente Signalwelle, auch Schwebung genannt, besitzt eine Frequenz f_n im gut auflösbaren Spektralbereich. Sie berechnet sich aus Gl. (3.16) und Gl. (3.17) zu

$$f_n = (f_{D1} - f_{D2})/2 = \frac{f_S}{2}\left(\frac{\mathbf{u}\mathbf{I}_{S2}}{c} - \frac{\mathbf{u}\mathbf{I}_{S1}}{c}\right) \tag{3.18}$$

Die niederfrequente Schwebungsfrequenz f_n enthält die Geschwindigkeitsinformation. Durch Auflösen der Skalarprodukte und Anwendung trigonometrischer Umformungen kann Gl. (3.18) überführt werden in

$$u_\perp = |\mathbf{u}|\sin(\Psi) = f_n \frac{c}{\sin(\varphi)f_S} \tag{3.19}$$

Ψ ist hierbei der Winkel zwischen dem Geschwindigkeitsvektor $\mathbf{u}$ und der Winkelhalbierenden der Partialstrahlen, φ der Winkel zwischen den Partialstrahlen und der Winkelhalbierenden. Gl. (3.19) enthält eine Information über die Geschwindigkeitskomponente senkrecht zur Winkelhalbierenden der Laserstrahlen in deren aufgespannter Ebene. Vorteilhaft ist, dass bei dieser Art der Geschwindigkeitsmessung weder Kalibrierfaktoren noch die Detektorposition in die Berechnung eingehen.

Detailliertere Ausführungen zu den Prinziperläuterungen bzw. Berechnungsgrundlagen und weitere Beschreibungen der Signaldetektion und -verarbeitung sowie zu Ausführungsvarianten von LDA-Systemen können beispielsweise in Ruck (1987) oder in Ruck (1990b) gefunden werden.

3.2.2 Eingesetztes Laser-Doppler-Anemometer System

Bei den Windkanaluntersuchungen wurde ein 2-D Laser-Doppler-Anemometer (LDA) System, das die simultane Messung zweier senkrecht aufeinander stehender Geschwindigkeitskomponenten erlaubt, eingesetzt. Das System besteht aus einem 4 W Argon Ionen Dauerstrich Laser des Typs Innova 90 von Coherent^{TM} und nachgeschalteten opto-elektronischen Komponenten von TSI^{TM}. Der Laserstrahl wird zunächst mittels eines Prismas in seine Spektralkomponenten zerlegt. Anschließend werden zwei der Spektralkomponenten (λ_1 = 514.5 nm, λ_2 = 488.0 nm) durch einen Strahlteiler in zwei Partialstrahlen gleicher Intensität aufgespalten, von denen jeweils einer in einem akusto-optischen Modulator (Bragg-Zelle) mit einer Frequenzverschiebung von 40 MHz beaufschlagt wird (Multicolor Beam Separator, Model 9201 Colorburst^{TM}). Diese Maßnahme erlaubt später bei der Datenanalyse die Richtungsauflösung und somit die Identifikation von Rückströmungen. Über Glasfaseroptiken werden die Laserstrahlen sodann zur Sendeoptik geführt. Es stehen zweierlei Sende-optiken mit Brennweiten von 0.101 m (Fiberoptic Probe, Model 9812) und 1.115 m (Fiberoptic Probe, Model 9869) zur Verfügung. Die an den bewegten Partikeln im Messvolumen gestreuten, die Dopplerfrequenzverschiebung enthaltenden Signale werden von einer Empfangsoptik in Rückwärtsstreurichtung detektiert und ebenfalls wieder über Glasfaseroptiken zur Auswerteeinheit geleitet. Die Auswerteeinheit besteht aus einem Photomultiplier (Multicolor Receiver, Model 9230 Colorlink^{TM}) und einem nachgeschalteten Signal-Autokorrelator (Digital Burst Correlator, Model IFA 750). Im Photomultiplier werden die Streulichtsignale nach der Photonen-Elektronen Konversion durch anschließende Elektronenvervielfachung verstärkt. Im Signal-Autokorrelator werden die Doppler-verschobenen analogen Ausgangssignale des Photomultipliers durch eine 1-bit Digitaisierung für eine Hochgeschwindigkeitskorrelation vorbereitet (Adrian, 1982). Die Geschwindigkeitsnformation wird aus der Periodendauer des autokorrelierten Signals abgeleitet.

Für den Streuprozess erforderliche Partikel mit einem Durchmesser von 1 - 2 µm werden durch Verdampfen und anschließendes Kondensieren von 1,2-Propandiol (ρ_{SATP} = 1.04 kg/l) erzeugt. Untersuchungen zum Teilchenfolgevermögen von Ruck (1990) ergaben, dass bei dem vorliegenden Dichteverhältnis von Partikel zu Trägerfluid ein ideales Teilchenfolgevermögen, definiert über das Amplitudenverhältnis von η = 0.99, bis zu einer Grenzfrequenz von etwa 1500 Hz vorliegt.

4. Windkanalmodellierung der atmosphärischen Grenzschicht

4.1 Ziele von Windkanaluntersuchungen

Um in der Gebäude- und Umweltaerodynamik im Windkanal an physikalischen Modellen gewonnene Messergebnisse auf den Naturmaßstab übertragen zu können, müssen Ähnlichkeitskriterien beachtet werden. Diese lassen sich in Ähnlichkeitskriterien für die zu untersuchenden Modelle an sich und in Ähnlichkeitskriterien für die Anströmung einteilen. Im Folgenden wird auf Ähnlichkeitskriterien der zweiten Kategorie, die für die Simulation atmosphärischer Grenzschichten mit Beschränkung auf neutrale Schichtung von Bedeutung sind, eingegangen. Hierbei wiederum ist die Abbildung des unteren Teils der atmosphärischen Grenzschicht, der sogenannten Prandtl-Schicht (Abb. 2.1) mit einer Höhe von ca. 10 - 100 m, aufgrund der typischen Bauwerkshöhen von besonderer Relevanz.

Als die wichtigsten Kriterien für die Sicherstellung der Ähnlichkeit in der Anströmung von Windkanal und Natur sind die vertikalen Profile der zeitgemittelten Windgeschwindigkeit, der Turbulenzintensität, des integralen Längenmaßes und der spektralen Verteilung der Energie zu nennen. Die hierzu entsprechenden Ähnlichkeitsparameter werden im ersten Teil kurz vorgestellt. Für Windkanaluntersuchungen muss das Grenzschichtprofil durch Einbauten in der Anlaufstrecke an das angestrebte Profil der Naturanströmung unter Beachtung des geometrischen Maßstabes des physikalischen Modells angepasst werden. Die Möglichkeiten zur Grenzschichtbeeinflussung mittels verschiedener Einbauten, wie Stolperkante (Sägezahnschwelle), Wirbelgeneratoren und auf der Bodenplatte angebrachten Rauhigkeitselementen, werden erläutert.

4.2 Beschreibung des Windfeldes in der atmosphärischen Grenzschicht

Das Windfeld der atmosphärischen Grenzschicht ist aus einer mittleren Windgeschwindigkeit und einer überlagerten Schwankung, der turbulenten Fluktuation, aufgebaut. Der Verlauf der mittleren Horizontalgeschwindigkeit $u(z)$ über die Höhe z kann mit einem Potenzgesetz dargestellt werden

$$\frac{u(z)}{u(z_{ref})} = \left(\frac{z}{z_{ref}} \right)^{\alpha} \tag{4.1}$$

wobei z_{ref} eine Referenzhöhe, $u(z_{ref})$ die Windgeschwindigkeit in Referenzhöhe und α ein geländeabhängiger Profilexponent sind. Zur Beschreibung des unteren Teils der Grenzschicht, der Prandtl-Schicht, wird häufig auch das logarithmische Wandgesetz herangezogen

$$\frac{u(z)}{u_*} = \frac{1}{\kappa} \ln\left(\frac{z - d_0}{z_0} \right) \tag{4.2}$$

mit der Schubspannungsgeschwindigkeit u_*, der von Kármán Konstante κ ($\kappa = 0.4$), Versatzhöhe d_0 und der Rauhigkeitslänge z_0.

Die Struktur der Turbulenz einer Strömung kann durch das integrale Längenmaß und die Energieverteilung im Spektralbereich erfasst werden. Daneben weist die Turbulenzintensität $I_u(z)$, definiert als Quotient aus Standardabweichung $\sigma_u(z)$ und Geschwindigkeitsmittelwert $u(z)$ (Variationskoeffizient VarK(u)), einen mit der Höhe über Grund variierenden Wert auf. Das Vertikalprofil der Turbulenzintensität der Horizontalkomponente $I_u(z)$ kann analog zum Geschwindigkeitsprofil Gl. (4.1) durch folgendes Potenzgesetz dargestellt werden

$$\frac{I_u(z)}{I_u(z_{ref})} = \left(\frac{z}{z_{ref}}\right)^{-\alpha} \tag{4.3}$$

hierbei ist $I_u(z_{ref})$ die Turbulenzintensität der Horizontalkomponente in der Referenzhöhe z_{ref}. Für die Prandtl-Schicht lässt sich mit dem empirischen Faktum $\sigma_u/u_* \approx 2.5$ auch hier ein logarithmisches Gesetz herleiten

$$I_u(z) = \left[\ln\left(\frac{z-d_0}{z_0}\right)\right]^{-1} \tag{4.4}$$

Das integrale Längemaß $L_u(z)$ beschreibt die durchschnittliche räumliche Ausdehnung der Böen. Dieses Maß kann unter Voraussetzung der Gültigkeit der Taylor Hypothese der "eingefrorenen Turbulenz" bei $I_u(z) < 0.5$ aus der zeitlichen Autokorrelationsfunktion $R_{uu}(\tau)$ der fluktuierenden Horizontalgeschwindigkeit $u'(t)$ berechnet werden, gemäß

$$L_u(z) = \frac{u(z)}{\sigma_u^2(z)} \int R_{uu}(\tau)\, d\tau \tag{4.5}$$

hierbei berechnet sich die zeitliche Autokorrelationsfunktion zu

$$R_{uu}(\tau) = \lim_{T \to \infty} \frac{1}{T} \int_{-T/2}^{T/2} u'(t) \cdot u'(t+\tau)\, dt \tag{4.6}$$

wobei τ die Versatzzeit ist. Die Höhenabhängigkeit des (horizontalen) integralen Längenmaßes $L_u(z)$ lässt sich nach dem Merkblatt der Windtechnologischen Gesellschaft, WTG (1995), durch folgenden Potenzansatz beschreiben

$$\frac{L_u(z)}{L_u(z_{ref})} = \left(\frac{z}{z_{ref}}\right)^{\alpha} \tag{4.7}$$

Die Verteilung der turbulenten kinetischen Energie im mikrometeorologischen Frequenzbereich wird beispielsweise mit den Leistungsdichtespektren $S_{uu}(f)$ nach Kaimal oder von Kármán beschreiben. Das Leistungsdichtespektrum kann aus dem Produkt der konjugiert komplexen Fouriertransformierten des zeitlichen Geschwindigkeitssignals $u(t)$ bzw. nach dem Wiener-Khintchine-Theorem als Fouriertransformierte der Autokorrelationsfunktion berechnet werden

$$S_{uu}(f) = \int_{-\infty}^{+\infty} R_{uu}(\tau) \cdot e^{-i2\pi f \tau} d\tau \qquad (4.8)$$

Das normierte von Kármán-Spektrum für die Verteilung der turbulenten kinetischen Energie der Horizontalkomponente lautet

$$\frac{f\,S_{uu}(f)}{\sigma_u^2} = \frac{4\,f_n}{(1 + 70{,}78\,f_n^2)^{5/6}} \qquad (4.9)$$

es sind hierbei f die Frequenz und f_n die normierte Frequenz $(f_n = f\,L_u(z)/u(z))$.

4.3 Ähnlichkeitsparameter der Anströmung

Die Ähnlichkeit der mittleren Anströmung im Windkanal (Modell) zur atmosphärischen in der Natur ist gegeben, wenn bezüglich der Profile der mittleren Windgeschwindigkeiten nach dem Potenzansatz Gl. (4.1) gilt

$$\alpha_{Modell} = \alpha_{Natur} \qquad (4.10)$$

Wird das logarithmische Wandgesetz Gl. (4.2) als Ansatz für die höhenabhängige Verteilung der mittleren Windgeschwindigkeit herangezogen, so leitet sich aus dem Verhältnis der Rauhigkeitslängen der geometrische Modellmaßstab M ab, d.h.

$$\frac{z_{0,Modell}}{z_{0,Natur}} = M \qquad (4.11)$$

Hinsichtlich der Turbulenz sind neben der Ähnlichkeit der Profile Gl. (4.3) auch eine Ähnlichkeit in deren räumlicher Struktur, ausgedrückt durch das integrale Längenmaß Gl. (4.7), sowie eine Kongruenz der normierten Spektren Gl. (4.9) gefordert

$$I_u(z)_{Modell} = I_u(z)_{Natur} \qquad (4.12)$$

$$\frac{L_u(z)_{Modell}}{L_u(z)_{Natur}} = M \qquad (4.13)$$

$$\left(\frac{f\,S_{uu}(f)}{\sigma_u^2}\right)_{Modell} = \left(\frac{f\,S_{uu}(f)}{\sigma_u^2}\right)_{Natur} \qquad (4.14)$$

Des Weiteren muss sichergestellt sein, dass eine vollturbulente, reynoldszahlunabhängige Prandtl-Schicht simuliert wird. Als Kriterium hierfür wird die Rauigkeitsreynoldszahl Re_R herangezogen

$$Re_{R,Modell} = \frac{u_* \, z_{0,Modell}}{v} > 5 \qquad (4.15)$$

mit der kinematischen Viskosität v.

4.4 Simulation atmosphärischer Grenzschichten in Windkanälen

Der typische Aufbau eines in der Gebäude- und Umweltaerodynamik eingesetzten Windkanals ist in Abb. 4.1 dargestellt.

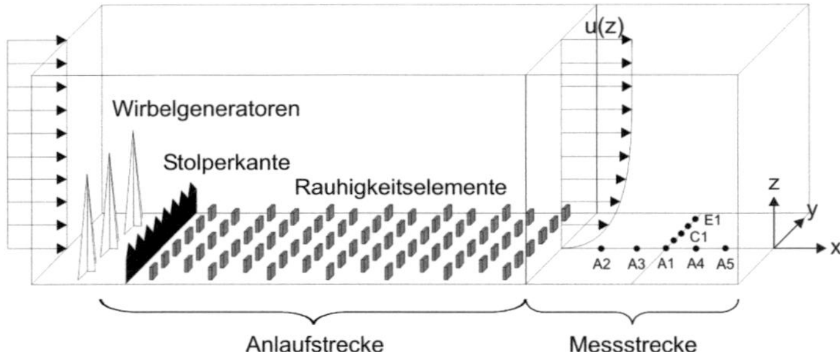

Abb. 4.1: Aufbau eines Windkanals und Lage der Messpunkte.

Die Einbauten zur Grenzschichtgenerierung können in drei Gruppen eingeteilt werden: vertikal aufgestellte Wirbelgeneratoren, horizontal liegende Stolperkanten und Rauhigkeitselemente. Die Anordnung von Wirbelgeneratoren und Stolperkanten dient dazu, die, bis zur Generierung einer mit der Strömungsrichtung nicht mehr veränderlichen Grenzschichtströmung (ausgebildete Strömung), erforderliche Anlaufstrecke zu verkürzen. In Plate (1982) ist für eine nur durch Rauhigkeitselemente erzeugte Grenzschicht eine Länge der Anlaufstrecke von 25 m bis zum Erreichen einer 0.8 m dicken lauflängenunabhängigen Grenzschicht angegeben. Counihan (1971) gibt hierfür allgemein eine erforderliche Anlaufstreckenlänge vom 1000-fachen der Höhe der Rauhigkeitselemente an. Durch den Einbau vertikal aufgestellter Wirbelgeneratoren kann die zur Generierung eines vollständig ausgebildeten Strömungszustandes erforderliche Anlaufstrecke auf das 5-fache bzw. 9-fache der Generatorhöhe für das mittlere Windprofil bzw. Turbulenzprofil reduziert werden (Counihan, 1969). Mit der Anordnung einer Stolperkante wird Einfluss auf die Grenzschichtdicke und das integrale Längenmaß genommen. Eine höhere Stolperkante bewirkt eine Zunahme des integralen Längenmaßes und der Grenzschichtdicke bei gleichzeitiger Steigerung der Turbulenzintensität, Kemper (2004). Ein Anwachsen des integralen Längenmaßes bei höherer Stolperkante ist damit zu erklären, dass die abgelösten Wirbelstrukturen von gleicher Größenordnung sind wie die sie verursachenden Hindernisse. Abb. 4.2 zeigt den für die Untersuchungen genutzten atmosphärischen Grenzsichtwindkanal am Laboratorium für Gebäude- und Umweltaerodynamik.

Abb. 4.2: Innenansicht eines atmosphärischen Grenzsichtwindkanals.

4.5 Ergebnisse der Windkanalvermessung

In dem vermessenen Grenzschichtwindkanal am Laboratorium für Gebäude- und Umweltaerodynamik (LGU) sind 0.6 m hohe dreieckförmige Wirbelgeneratoren im Abstand von 0.3 m
eingebaut. Die ummittelbar darauf folgende 0.1 m hohe Stolperkante ist als Sägezahnschwelle ausgebildet. Als Rauhigkeitselemente dienen 0.02 m hohe Legosteine. Der Flächenbedeckungsgrad des Bodens innerhalb der Anlaufstrecke beträgt 2 %. Die Gesamtlän-
ge der Anlaufstrecke bis zum Zentrum der Messstrecke (A1) beträgt 5.9 m, der Abstand der
Messpunkte untereinander 0.2 m in Längs- sowie Lateralrichtung.

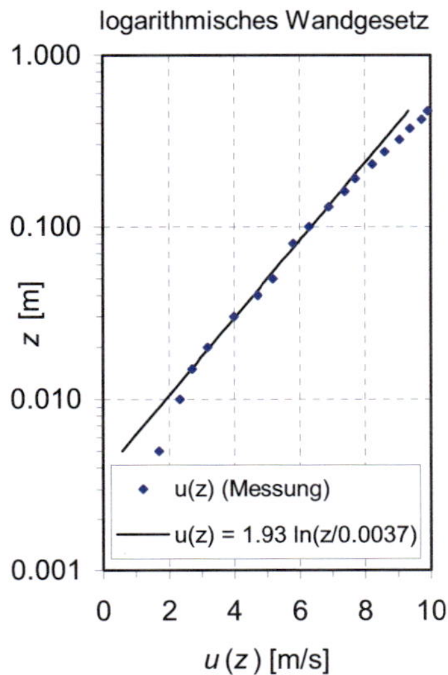

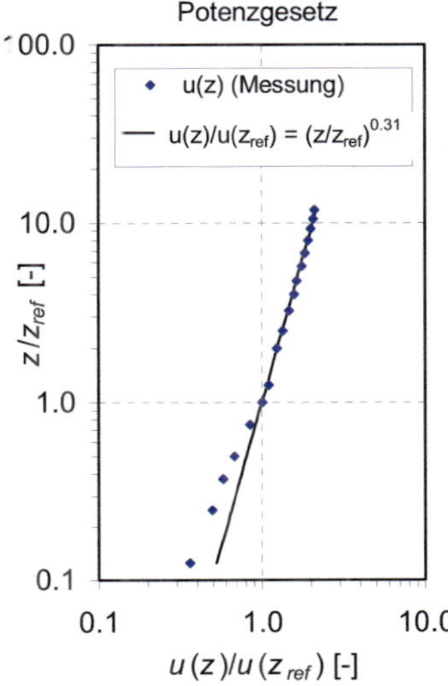

Abb. 4.3: Anpassung des gemessenen Windprofils durch logarithmisches Wand- und Potenzgesetz.

Die Vorteile einer Darstellung der Windprofile in Diagrammen mit einfach bzw. doppelt logarithmischer Skalierung sind, dass im Falle des logarithmischen Wandgesetzes der Parameter u_* aus der Steigung, z_0 aus dem Schnittpunkt der Geraden mit der Ordinate und im Falle des Potenzgesetzes der Profilparameter α aus der Steigung abgelesen werden können. Die Auswertung des zeitgemittelten Geschwindigkeitsprofils $u(z)$ für den zentralen Aufpunkt A1 in der Messtrecke ergab, sowohl nach der graphischen als auch nach der implizit analytischen Methode, Stull (1988), den Wert $d_0 = 0.0$ m für die Versatzhöhe. Dies ist auf den geringen Flächenbedeckungsgrad der Bodenplatte mit Rauhigkeitselementen zurückzuführen. Die Anpassung des logarithmischen Wandgesetzes (Abb. 4.3) mittels Regressionsanalyse für u als abhängige und z als unabhängige Variable liefert für die Rauhigkeitslänge $z_0 = 0.0037$ m und für die Schubspannungsgeschwindigkeit $u_* = 0.77$ m/s. Für diese Regressionsanalyse wurden nur Messpunkte aus der Prandtl-Schicht mit dimensionslosem Wandabstand $250 < z^+ < 5000$ herangezogen ($z^+ = z * u_*/v$), Frank (2005). Eine entsprechende Analyse für die Anpassung des Potenzgesetzes ergibt mit $z_{ref} = 0.04$ m für den Profilparameter $\alpha = 0.31$, einen Wert, der nach dem WTG-Merkblatt, WTG (1995) oder der DIN-Norm DIN 1055-4 (2005), charakteristisch für Windprofile in Innenstadtbereichen ist. Für das Vertikalprofil der Turbulenzintensität $I_u(z)$ im Aufpunkt A1 resultierte eine analoge Regressionsanalyse in $\alpha = 0.46$ gemäß dem Potenzansatz Gl. (4.3).

Die gemessenen Windgeschwindigkeits- und Turbulenzprofile über den Querschnitt (Aufpunkte A1 - E1) sind in Abb. 4.4 zusammen mit den nach den Potenzgesetzen Gl. (4.1) und Gl. (4.3) berechneten Verläufen dargestellt. Für die inneren drei Aufpunkte (A1 - C1) ist bei beiden Profilen eine gute Deckungsgleichheit untereinander vorhanden. Im rechten Diagramm ist ein Abfall der Turbulenzintensität von innen (A1) nach außen (E1) oberhalb der Prandtl-Schicht im Bereich zwischen 0.15 m und 0.4 m zu erkennen.

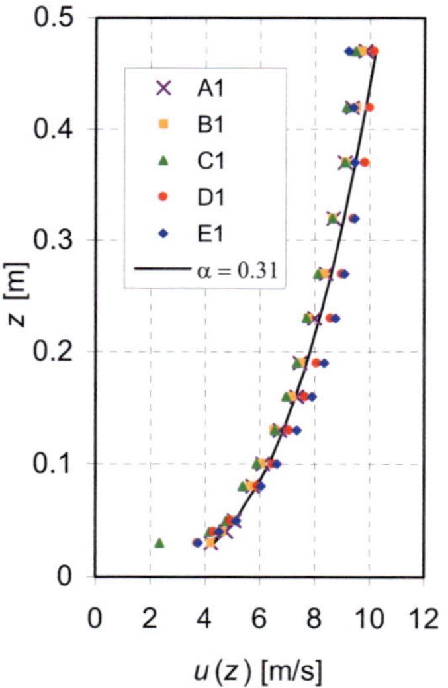

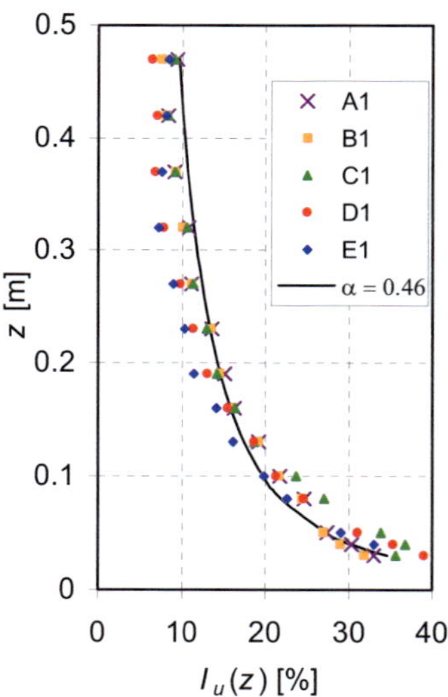

Abb. 4.4: Profile der Windgeschwindigkeiten und Turbulenzintensitäten über den Querschnitt.

In Abb. 4.5 sind die relativen Abweichungen der Horizontalgeschwindigkeit $u(z)$ und der Turbulenzintensität $I_u(z)$ mit der Lauflänge in der Mittelebene für die Aufpunkte A1 - A5 mit Bezug auf den zentralen Aufpunkt A1 dargestellt. Die Abweichungen in der Horizontalgeschwindigkeit liegen, bis auf wenige Ausnahmen, im Bereich kleiner 5 %. Bei den Turbulenzintensitäten treten maximale Abweichungen von 15 % auf, mit einem Großteil kleiner als 10 %. In beiden Diagrammen sind keine tendenziellen Abweichungen zu kleineren oder größeren Geschwindigkeiten bzw. Turbulenzintensitäten zu erkennen. Diese Beobachtungen lassen den Schluss zu, dass die vorhandene Anlaufstrecke ausreichend lang ist und eine ausgebildete Grenzschichtströmung in der Messstrecke vorliegt.

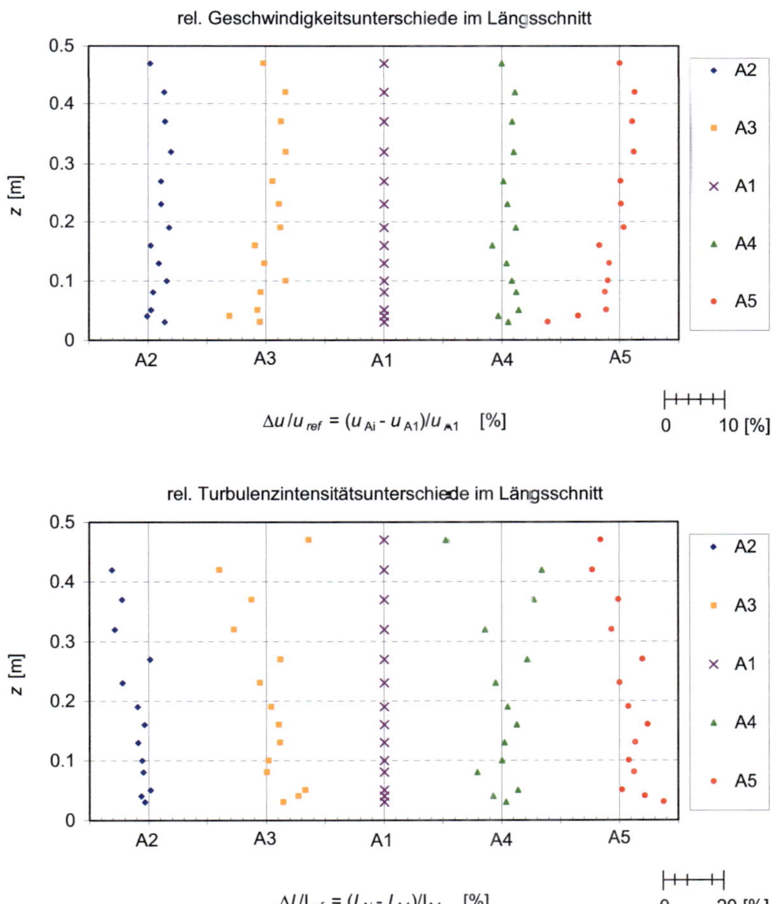

Abb. 4.5: Normierte Änderungen der Horizontalgeschwindigkeit $u(z)$ und Turbulenzintensität $I_u(z)$ mit der Lauflänge (Lage der Messpunkte A_i siehe Abb. 4.1).

Der Verlauf der turbulenten Schubspannungsgeschwindigkeit $u_*(z)$ ist in Abb. 4.6 aufgetragen. Ein weiteres Werkzeug zur Bestimmung der simulierten Höhe der Prandtl-Schicht ist mit dem Kriterium konstanter turbulenter Schubspannungen innerhalb derselben gegeben. Anhand dieses Kriteriums lässt sich die Höhe der Prandtl-Schicht auf ca. 0.15 m festlegen. Im rechten Teil von Abb. 4.6 sind die Standardabweichungen bezogen auf die Schubspannungsgeschwindigkeit aufgetragen. Eine sehr gute Übereinstimmung der normierten Werte mit der empirisch ermittelten Vorgabe für die Vertikalkomponente (1.3) ist vorhanden. Alle Komponenten weisen den geforderten konstanten Verlauf innerhalb der Prandtl-Schicht auf.

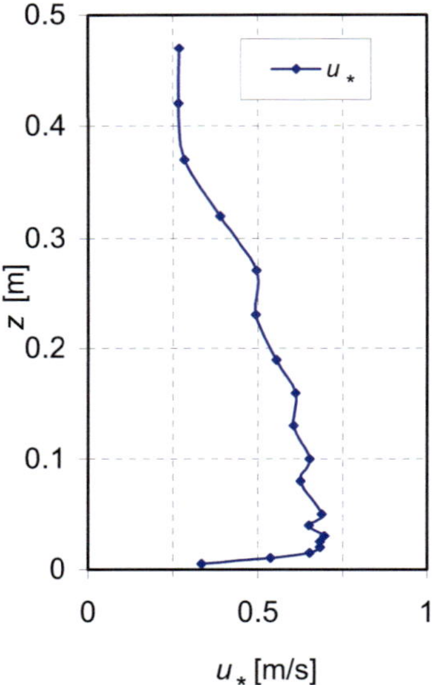

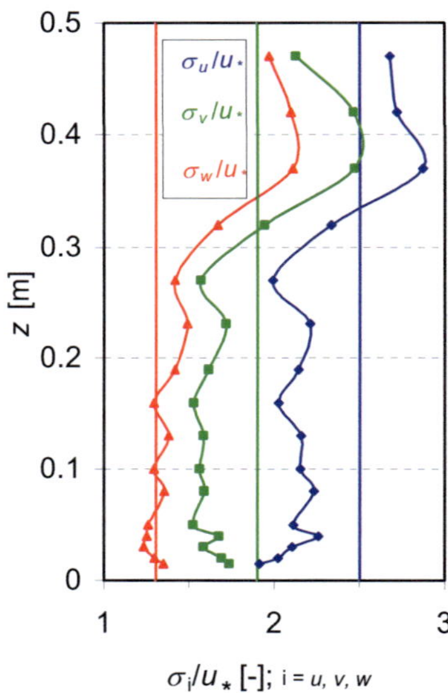

Abb. 4.6: Verlauf der Korrelationsgrößen Schubspannung und normierte Standardabweichungen.

Das integrale Längemaß ist, unter Zuhilfenahme der Taylor-Hypothese der "eingefrorenen Turbulenz", aus dem Integral der zeitlichen Autokorrelationsfunktion der Horizontalgeschwindigkeitsfluktuationen Gl. (4.5) am Aufpunkt A1 berechnet worden (Abb. 4.7). Das Anwendungskriterium für die Taylor-Hypothese ($I_u(z) < 0.5$) ist, wie aus Abb. 4.4 ersichtlich, für alle Messpunkte erfüllt. Eine Regressionsanalyse ergab für den Profilexponenten des Potenzansatzes zur Beschreibung des Vertikalprofils des integralen Längenmaßes Gl. (4.7) $\alpha = 0.28$ mit $z_{ref} = 0.04$.

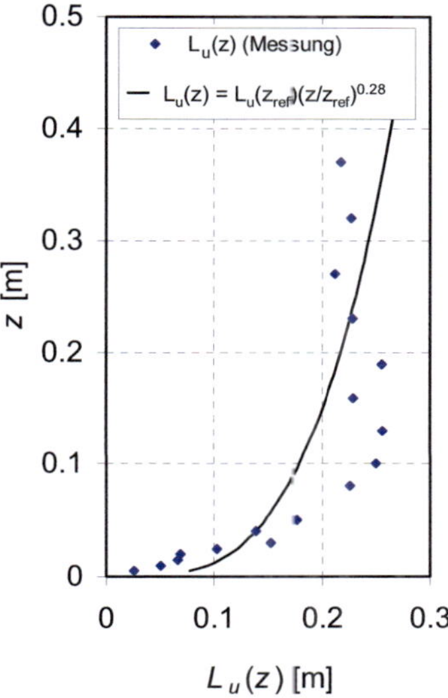

Abb. 4.7: Integrales Längenmaß $L_u(z)$.

In Abb. 4.8 ist das normierte Leistungsdichtespektrum im Messpunkt A1 in 0.32 m Höhe über der Bodenplatte dargestellt. Zum Vergleich mit der atmosphärischen Vorgabe sind die Spektren nach von Kármán und Kaimal eingezeichnet. Eine tendenzielle Kongruenz der Spektren bezüglich Lage und Höhe des Maximums sowie des Abklingverhaltens im höherfrequenten Bereich ist gegeben. Die Spektren in anderen Höhen zeigen einen ähnlichen charakteristischen Verlauf.

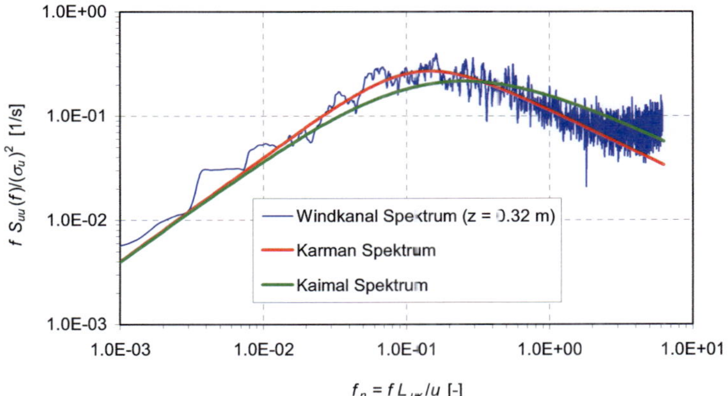

Abb. 4.8: Normiertes Leistungsdichtespektrum im Aufpunkt A1 in 0.32 m Höhe.

Abschließend wurde noch das Reynolds-Rauhigkeitskriterium Gl. (4.15) untersucht. Mit

$$Re_{R,Modell} = \frac{u_* \, z_{0,Modell}}{v} = \frac{0{,}77 \text{ m/s} \cdot 0{,}0037 \text{ m}}{1{,}5 \cdot 10^{-5} \text{ m}^2/\text{s}} = 190 > 5$$

$$(4.16)$$

ist eine vollturbulente, reynoldszahlunabhängige Prandtl-Schicht in der Anströmung garantiert.

4.6 Maßstabsfindung

Eine Möglichkeit zur Bestimmung des geometrischen Maßstabes ist über den Vergleich der Rauhigkeitslängen z_0 gegeben Gl. (4.11). Als Beispiel wird der Wert nach DIN 1055-4 (2005) für z_0 der Geländekategorie IV (Stadtgebiete) herangezogen. Hiermit ergibt sich ein Maßstab M von

$$M = \frac{z_{0,Modell}}{z_{0,Natur}} = \frac{0.0037\,\text{m}}{1\text{m}} \approx \frac{1}{270} \tag{4.17}$$

Eine weitere Möglichkeit der Maßstabsbestimmung ist im Merkblatt der Windtechnologischen Gesellschaft, WTG (1995) aufgeführt. Sie orientiert sich am Vergleich der integralen Längenmaße $L_u(z)$ und führt bei Anwendung automatisch zur Einhaltung des Längenmaß-Ähnlichkeitskriteriums Gl. (4.13). Einsetzen des Potenzansatzes für das integrale Längenmaß Gl. (4.7) in das Längenmaß-Ähnlichkeitskriterium Gl. (4.13) und mit dem Verständnis von $M = z_{ref,Modell}/z_{ref,Natur}$ als dem Verhältnis zweier Referenzlängen in Modell und Natur liefert

$$M = \frac{z_{ref,Modell}}{z_{ref,Natur}} = z_{ref,Modell}^{\left(\frac{\alpha}{\alpha-1}\right)} \cdot \left(\frac{L_u(z)_{Modell}}{L_u(z_{ref})_{Natur}} \, z_{ref,Natur}^{\alpha} \right)^{-\left(\frac{1}{\alpha-1}\right)} \tag{4.18}$$

Mit $z_{ref,Natur}$ = 10 m und $L_u(z_{ref})_{Natur}$ = 40 m für Innenstadtbereiche, WTG (1995), ergibt sich mit α = 0.31 der Modellmaßstab in Abhängigkeit der Höhe $z_{ref,Modell}$ zu

$z_{ref,Modell}$ [m]	0.03	0.05	0.10	0.16	0.23	0.32
$L_u(z_{ref,Modell})$ [m]	0.15	0.18	0.25	0.23	0.23	0.23
Maßstab M	1:236	1:240	1:198	1:278	1:328	1:384

Tab. 4.1: Geometrische Maßstäbe resultierend aus dem Längenmaß-Ähnlichkeitskriterium.

Im Bereich der Prandtl-Schicht ($z < 0.15$ m) liegt eine annähernde Maßstabskonstanz vor. Der Wert entspricht in Näherung dem nach dem Rauhigkeitslängenkriterium Gl. (4.17) ermittelten von M = 1:270.

4.7 Vergleich und Einordnung zu Vorgabewerten

Die Anpassung des Vertikalprofils der Horizontalwindgeschwindigkeit $u(z)$ an das Potenzprofil ergab einen Profilexponenten von $\alpha = 0.31$. Dieser Wert ist gemäß diverser Richtlinien bzw. Normen wie beispielsweise der DIN-Norm DIN 1055-4 (2005), der VDI-Richtlinie VDI 3783-12 (2000) oder dem Merkblatt der Windtechnologischen Gesellschaft, WTG (1995), charakteristisch für Stadtgebiete und Innenstadtbereiche. Die Maßstabsfindung basierte bereits auf der Annahme des Vorliegens einer zur Stadtrauhigkeit gehörigen Grenzschichtströmung. Das Rauhigkeitslängen- sowie das integrale Längenmaß-Ähnlichkeitskriterium führten dabei zu annähernd gleichen Ergebnissen, nämlich zu $M = 1/270$. Die Ähnlichkeit der im Windkanal gemessenen Leistungsdichtespektren zu Naturvorgabespektren konnte ebenfalls festgestellt werden und ist exemplarisch in Abb. 4.8 für die Höhe $z = 0.32$ m wiedergegeben. Für das Vertikalprofil der Turbulenzintensität $I_u(z)$ Gl. (4.3) ergab sich der Profilexponent zu $\alpha = 0.46$. Dieser Wert übersteigt den für Innenstadtbereiche mit hoher Rauhigkeit angegebenen Profilexponenten gemäß der o. a. Normen und Richtlinien leicht, d.h. die Windkanalrauigkeit ist vergleichsweise zu hoch. Im Engineering Science Data Unit Ratgeber zur atmosphärischen Turbulenz in Bodennähe, ESDU 85020 (1985), werden Höhenverläufe der Turbulenzintensitäten für alle drei Raumrichtungskomponenten $I_u(z)$, $I_v(z)$ und $I_w(z)$ angegeben. Vergleicht man die Windkanalprofile mit diesem Datensatz, so ist für die Prandtl-Schicht (ca. 0.15 m im Modell, entsprechend 40 m in Natur) eine Überdeckung mit dem Bereich für raue Oberflächen, üblich bei Park- oder Vorstadtgebieten, vorhanden (Abb. 4.9). Im oberen Teil der Prandtl-Schicht und darüber sind nach ESDU 85020 (1985) die Windkanal-Turbulenzintensitäten sogar typisch für mäßig raue Oberflächen wie Acker- und Grasland. Diese Abweichung in der Einordnung zu Untergrundrauhigkeiten entschärft den Konflikt des zu hohen Profilexponenten für die Turbulenzintensität $I_u(z)$ hinsichtlich anderer Normen und Richtlinien. Somit können auch die vorliegenden Vertikalprofile der Turbulenzintensitäten als akzeptable Repräsentanten für Stadtrauhigkeiten aufgefasst werden. Zusätzliche Informationen zur im Windkanal simulierten atmosphärischen Grenzschicht und weitere Vergleiche mit Literaturangaben sind in Gromke und Ruck (2005) zu finden.

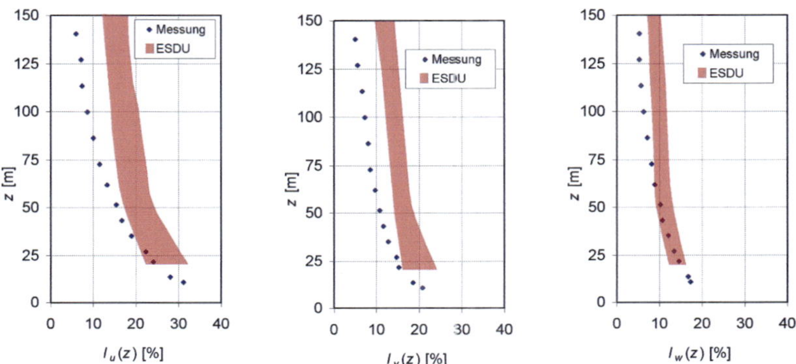

Abb. 4.9: Turbulenzintensitäten im Windkanal (Messung) und für raue Oberflächen nach ESDU 85020 (1985).

5. Straßenschlucht- und Baummodelle

5.1 Windkanalmodell der städtischen Straßenschlucht

Es wurde eine isolierte Straßenschlucht, gebildet aus zwei parallel zueinander angeordneten Häuserzeilen (Gebäude A und Gebäude B mit $B_A/H = B_B/H = 1$) der Länge L mit flachen Dächern der Höhe H, modelliert (Abb. 5.1). Isoliert bedeutet in diesem Zusammenhang, dass es sich um eine freistehende Straßenschlucht handelt ohne zusätzliche benachbarte Häuserzeilen. Das Verhältnis von Straßenschluchtlänge zu Gebäudehöhe beträgt $L/H = 10$ mit $L = 1.20$ m und $H = 0.12$ m. Durch Umsetzen der Häuserzeilen kann das Straßenbreite- zu Gebäudehöhenverhältnis B/H variiert werden.

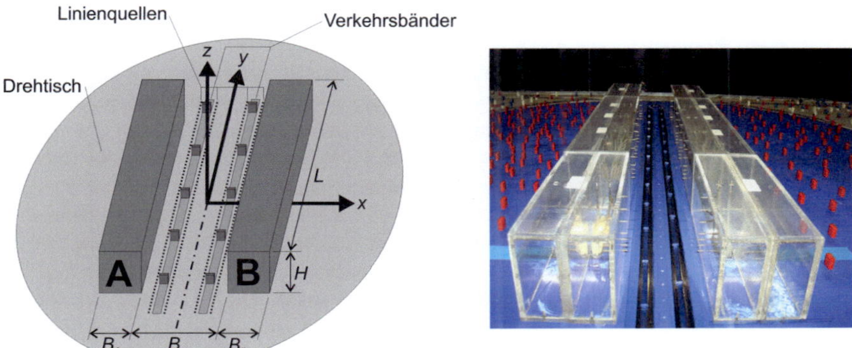

Abb. 5.1: Windkanalmodell der Straßenschlucht.

Die Reynoldszahl Re des Straßenschluchtmodells wird basierend auf der Gebäudehöhe H und der ungestörten Anströmungsgeschwindigkeit u_H in Höhe H mit der kinematischen Viskosität von Luft v berechnet zu

$$Re = \frac{u_H \, H}{v} \tag{5.1}$$

Mit $u_H = 4.7$ m/s ergibt sich eine Modell-Reynoldszahl von $Re = 37360$. Die Häusermodelle sind aus Plexiglas gefertigt und besitzen glatte Oberflächen. Insgesamt sind 98 Konzentrationsmessstellen, jeweils 0.5 cm ($x/H = 0.042$) den innenseitigen Straßenschluchtwänden A und B vorstehend, im Modell untergebracht (Abb. 5.2). Zusätzlich wird an einer Messstelle im Luv des Straßenschluchtmodells die Hintergrundkonzentration gemessen. Das Straßenschluchtmodell ist auf einem Drehtisch angeordnet und kann unterschiedlichen Anströmungsrichtungen ausgesetzt werden. Das Koordinatensystem ist mitdrehend mit Ursprung im Zentrum der Straßenschlucht angelegt. Die y-Achse weist in Straßenlängsrichtung, die x-Achse liegt senkrecht dazu in der horizontalen Ebene und die z-Achse zeigt in Vertikalrichtung (Abb. 5.1).

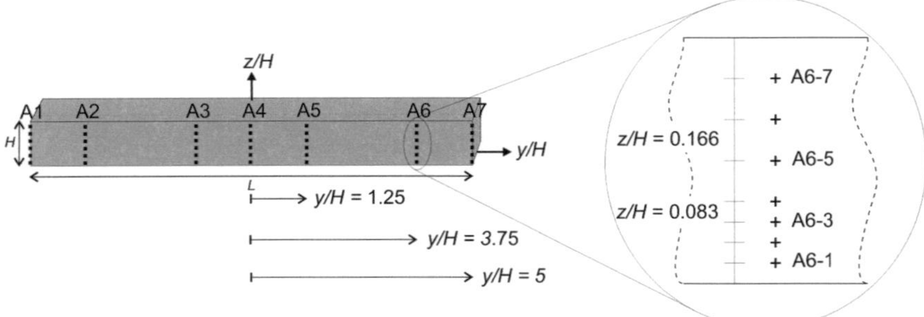

Abb. 5.2: Lage der Konzentrationsmessstellen an den Straßenschluchtwänden (dargestellt für Wand A, Wand B analog).

Zwischen den Häuserzeilen, eingelassen in die Straße, sind Linienquellen zur Simulation der bodennahen Freisetzung von Verkehrsemissionen untergebracht. Die Linienquellen sind nach dem Konstruktionsprinzip von Meroney et al. (1996) gebaut worden. Sie bestehen jeweils aus einer Vielzahl von Punktquellen, die entlang einer Linie angeordnet sind. Um eine über die Länge homogene und von lokalen Druckschwankungen unabhängige Spurengasemission zu realisieren, wurden dünne Kanülen als Punktquellen eingesetzt. Diese Kanülen besaßen bei der gewählten Betriebsführung einen nominalen Druckverlust von 288 Pa. Genauere Angaben zu den Abmaßen und dem Betrieb der Linienquellen in den Windkanaluntersuchungen sind in Venema (2008) zu finden. Als Spurengas wurde, wie bereits in Kap. 3.1.2 erwähnt, Schwefelhexafluorid SF_6 eingesetzt. Funktion und Homogenität der Quellen wurde in Untersuchungen von Kastner-Klein (1999) festgestellt. Die 4 Linienquellen sind jeweils 1.42 m lang ($= 1.183\,L$) und gehen um 0.11 m auf jeder Seite über die Straßenschluchtenden hinaus. Sie sind symmetrisch zur zentralen Straßenlängsachse angeordnet mit Abständen von 1.8 cm ($x/H = 0.15$) bzw. 3.2 cm ($x/H = 0.267$), siehe Abb. 5.1.

Die durch den Verkehr induzierte Turbulenz kann über in Rotation versetzte Verkehrsbänder simuliert werden (Abb. 5.1). Durch den Strömungswiderstand der auf den Bändern montierten Plättchen wird zusätzliche turbulente kinetische Energie in das System eingebracht. Als Ähnlichkeitskriterium zur Modellierung der verkehrsinduzierten Turbulenz wurde der Ansatz von Plate (1982) gewählt. Detaillierte Beschreibungen dieses Ansatzes und die Umsetzung in den Windkanaluntersuchungen werden in Kap. 5.4 geschildert.

5.2 Baummodelle für Windkanaluntersuchungen

5.2.1 Grundlegende Bemerkungen zur Aerodynamik der Bäume

Die aerodynamischen Charakteristiken von Bäumen werden ganz entscheidend von deren Porosität und relativ hohen Flexibilität geprägt. Sie unterscheiden sich grundlegend von denen üblicherweise in der Gebäudeaerodynamik oder technischen Strömungsmechanik behandelten Objekten.

Baumkronen, oder allgemeiner Vegetationsstrukturen, sind poröse Körper und somit windpermeabel. Damit einher gehen verschiedene Auswirkungen auf die aerodynamischen Eigenschaften. Während bei unporösen (impermeablen) Körpern der Strömungswiderstand bei typischen in der Gebäude- und Umweltaerodynamik interessierenden Windgeschwindigkeiten nahezu ausschließlich vom Formwiderstand, d.h. von einer Druckdifferenz zwischen Luv- und Leeseite, bestimmt wird, spielt bei porösen Körpern der Reibungswiderstand aufgrund der volumenspezifisch wesentlich größeren Oberfläche eine erhebliche, nicht zu vernachlässigende Rolle. Dies resultiert in erhöhten Strömungswiderständen poröser Körper im Vergleich zu ihren unporösen Pendants. Ein zweiter charakteristischer Unterschied zeigt sich in den größeren räumlichen Ausmaßen der hindernisbeeinflussten Strömungsnachlaufgebiete poröser Körper. Die Rückkehr zu den Strömungsverhältnissen der ungestörten Anströmung ist in größeren leeseitigen Entfernungen festzustellen. Die Erklärung hierfür ist im Impulsfluss durch den permeablen Körper zu finden, mit dem einerseits die Störungen selber stromab advektiert werden, andererseits ein aus dem Verdrängungsbereich ins Nachlaufgebiet gerichteter Impulsfluss in Hauptströmungsrichtung umgelenkt wird. Untersuchungen an Modellbäumen über den Einfluss des Porositätsgrades auf den Strömungswiderstand und die Nachlaufcharakteristiken sind in Gromke und Ruck (2008a) und Gromke und Ruck (2008b) dokumentiert.

Die relativ hohe Flexibilität von Vegetationsstrukturen hat ebenfalls Auswirkungen auf die aerodynamischen Eigenschaften. Bäume sind aufgrund ihrer Flexibilität im Wind starken Auslenkungen unterworfen. Bei großen Auslenkungen muss die aerodynamische Betrachtung um aeroelastische Phänomene erweitert werden. Hinzu kommt, dass Vegetationsstrukturen sich unter konstanter Windeinwirkung bereits bei moderaten Geschwindigkeiten stromlinienförmig ausrichten und weniger Angriffsfläche bieten. Dies führt zu einem Abfall der Widerstandskoeffizienten mit zunehmender Windgeschwindigkeit (Ruck, 2005). Da jedoch für die im Rahmen dieser Arbeit behandelten Schadstoffausbreitungsvorgänge Schwachwindsituationen die kritischsten und somit interessierenden Randbedingungen darstellen, sind die aus der Flexibilität herrührenden aerodynamischen Eigenschaften nicht weiter von Bedeutung.

5.2.2 Baummodelle und Ähnlichkeitsbetrachtungen

Bei der Gestaltung der Baummodelle für die Schadstoffausbreitungsuntersuchungen stand die Berücksichtigung der aus der Kronenporosität resultierenden speziellen aerodynamischen Eigenschaften im Mittelpunkt. Ziel war es, Modellbaumkronen unterschiedlicher Porosität und somit Permeabilität zu entwerfen um die Bandbreite von natürlichen Bäumen abzudecken. Dieser Ansatz wurde in einem so genannten Gitterkäfigbaum umgesetzt (Abb. 5.3), (Gromke und Ruck, 2008c). Aus einem Metallgitter mit quadratischen Maschen von 10 mm Kantenlänge wurde ein 1.2 m (= 10 $H = L$) langer, balkenartiger Käfig mit rechteckförmigem Querschnitt gefertigt. Entlang seiner Längsachse war er in 29 gleich große Kammern mit etwa 4.1 cm Tiefe aufgeteilt, deren Trennwände ebenfalls aus dem Metallgitter bestanden. Der Käfig wurde parallel zur Straßenlängsachse im Windkanalmodell angeordnet und repräsentierte eine Baumreihe. In die Kammern wurde ein Kunststofffüllmaterial von fadenartiger Morphologie in lockerer Zusammensetzung derart eingearbeitet, dass offenporige Hohlräume gebildet wurden. Durch das Einarbeiten definierter Mengen, quantifiziert über abgewogene Massen, konnten über die Packungsdichte unterschiedliche Kronenporositäten modelliert werden. Zweck der Kammern war es zum einen eine homogene Verteilung des Füllmaterials zu vereinfachen, zum andern konnten durch wahlweise Befüllung verschiedene Pflanzdichten ρ_b (Kronendurchmesser/tiefe zu Baumabstand) realisiert werden.

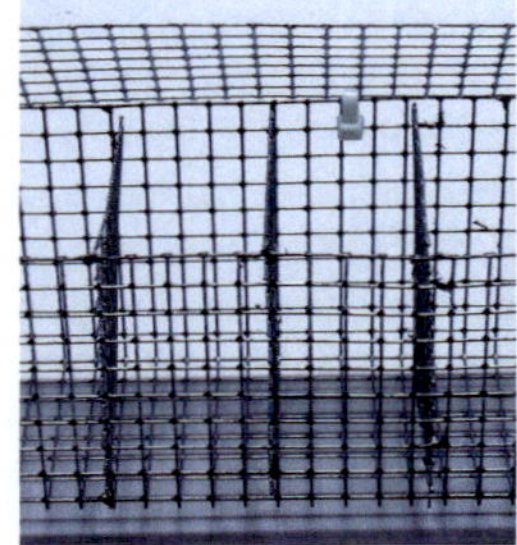 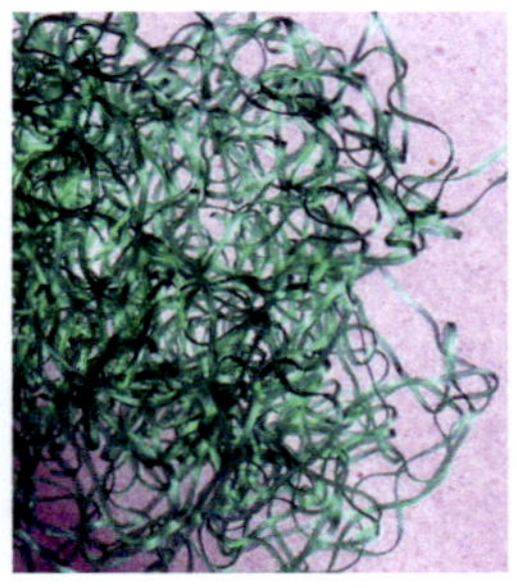 

Abb. 5.3: Gitterkäfigbaum, leer (links), Füllmaterial (Mitte), befüllt (rechts).

In der Literatur werden Kronenporositäten von Naturbäumen mit P_{Vol} = 93 - 99 % Porenvolumenanteil angegeben (Gross, 1987; Gross, 1993; Ruck und Schmidt, 1986; Zhou et al., 2002). Bei den Windkanaluntersuchungen wurden Kronen mit Porenvolumenanteilen von P_{Vol} = 96 % und 97.5 % (im Folgenden als niedrige und mittlere Kronenporosität bezeichnet) durch homogene Verfüllung der Kammern mit definierten Mengen des Füllmaterials modelliert. Hierbei wurden Baumreihen mit hoher Pflanzdichte mit ineinander übergehenden Kronen (jede Kammer befüllt, ρ_b = 1) sowie Baumreihen mit aufgelockerter Pflanzdichte bei Baumabständen der zweifachen Kronentiefe (jede zweite Kammer befüllt, ρ_b = 0.5) nachgebildet. Zusätzlich wurden auch Untersuchungen mit nicht befülltem Gitterkäfigbaum durchgeführt, was einer Porosität von 99 % (im Folgenden als hohe Kronenporosität bezeichnet) entspricht.

Ein weiterer oft im Zusammenhang mit den aerodynamischen Eigenschaften von Vegetation auftretender Parameter ist der Blattflächenindex LAI (leaf area index). Er gibt das Verhältnis der aufsummierten einseitigen Blattoberflächen der Vegetationsstruktur bezogen auf deren projizierte Grundrissfläche an ($[LAI] = m^2\,m^{-2}$). In Gross (1993) und Larcher (2001) wird die Spannweite der Blattflächenindizes sommergrüner Laubbäume mit 4 < LAI < 12 angegeben. Bei den oben beschriebenen Gitterkäfigbäumen niedriger und mittlerer Kronenporosität mit P_{Vol} = 96 % und 97.5 % wurden Blattflächenindizes von 15 $m^2\,m^{-2}$ bzw. 7.5 $m^2\,m^{-2}$ realisiert.

Die Angabe der Porosität bzw. des Blattflächenindexes reicht jedoch noch nicht aus um die aerodynamischen Charakteristiken eindeutig ableiten zu können. Poröse Körper können beispielsweise bei gleichem Porenvolumenanteil oder Blattflächenindex unterschiedliche Strömungswiderstände besitzen. Entscheidend sind auch die volumenspezifische Oberfläche und deren Beschaffenheit (Grad der Rauhigkeit), die Anzahl bzw. Größe und Form der Poren sowie deren Anordnung. Deren Einflüsse auf den Strömungswiderstand kommen integral im Druckverlustkoeffizienten λ zum Ausdruck. Dieser wird aus dem luv- zu leeseitigen statischen Druckabfall Δp_{stat} bei einer Zwangsdurchströmung des porösen Materials ermittelt. Normiert auf den dynamischen Staudruck p_{dyn} und die Hindernistiefe d in Strömungsrichtung errechnet sich der Druckverlustkoeffizient λ zu

$$\lambda = \frac{\Delta p_{stat}}{p_{dyn}\,d} = \frac{p_{luv} - p_{lee}}{1/2\,\rho u^2\,d} \qquad (5.2)$$

wobei $[\lambda] = \mathrm{Pa}\ \mathrm{Pa}^{-1}\mathrm{m}^{-1} = \mathrm{m}^{-1}$. Bei den realisierten Packungsdichten der Gitterkäfigbäume mit $P_{Vol} = 97.5\,\%$ bzw. $96\,\%$ ergaben sich aus Messungen Druckverlustkoeffizienten von $\lambda_{97.5} = 80\ \mathrm{m}^{-1}$ bzw. $\lambda_{96} = 200\ \mathrm{m}^{-1}$. Für den nicht befüllten Gitterkäfigbaum (hohe Kronenporosität) war die Messung des Druckverlustkoeffizienten nicht möglich.

Druckverlustkoeffizienten von natürlichen Vegetationsstrukturen wurden von Grunert et al. (1984) bestimmt. Ihre Messungen an typischen für Windschutzstreifen eingesetzten Gehölzstrukturen ergaben Druckverlustkoeffizienten von $0.4\ \mathrm{m}^{-1} < \lambda_{Natur} < 13.4\ \mathrm{m}^{-1}$ für belaubte Zustände, wobei der Großteil der Werte im Bereich $1\ \mathrm{m}^{-1} < \lambda_{Natur} < 3\ \mathrm{m}^{-1}$ lag. Messungen an den Gehölzstrukturen im unbelaubten Zustand ergaben Werte von $0.2\ \mathrm{m}^{-1} < \lambda_{Natur} < 1.2\ \mathrm{m}^{-1}$. Da allerdings die von Grunert et al. (1984) untersuchten Gehölzstrukturen vom optischen Eindruck her einen im Vergleich zu Baumkronen dichteren Aufbau aufweisen, können diese Angaben nur als Anhaltswerte angesehen werden. In Ermangelung anderer Werte muss jedoch auf diese Datenbasis zurückgegriffen werden. Sie erlaubt zumindest eine Abschätzung der Größenordnung von Druckverlustkoeffizienten natürlicher Baumkronen und liefert eine obere Grenze für diese.

Die Druckverlustkoeffizienten der natürlichen Vegetationsstrukturen und der Baummodelle müssen nun noch zueinander in Beziehung gesetzt werden. Dies soll anhand einer Ähnlichkeitsbetrachtung geschehen. Um die Forderung eines gleich großen normierten Druckabfalls $\Delta p_{stat}\, p_{dyn}^{-1}$, der anschaulich als das Kräfteverhältnis von Widerstands- zu Trägheitskraft gesehen werden kann, von Modell- und Naturausführung bei der Durchströmung poröser Körper zu erfüllen, muss folgende Gleichung Gültigkeit besitzen

$$\left[\frac{\Delta p}{p_{dyn}}\right]_{Modell} = \left[\frac{\Delta p}{p_{dyn}}\right]_{Natur} \quad \Leftrightarrow \quad [\lambda \cdot d]_{Modell} = [\lambda \cdot d]_{Natur} \qquad (5.3)$$

Dies resultiert in der Forderung

$$\frac{\lambda_{Natur}}{\lambda_{Modell}} = \frac{d_{Modell}}{d_{Natur}} \qquad (5.4)$$

Das Längenmaßverhältnis auf der rechten Seite von Gl. (5.4) entspricht aber gerade dem Modellmaßstab M. Somit gilt also

$$\frac{\lambda_{Natur}}{\lambda_{Modell}} = M \qquad (5.5)$$

Nach den Ausführungen von Kap. 4.6 liegt der Modellmaßstab bei etwa $M = 1{:}270$. Berechnet man nun aus den natürlichen Druckverlustkoeffizienten λ_{Natur} nach Grunert et al. (1984) die für die Windkanaluntersuchungen erforderlichen Druckverlustkoeffizienten λ_{Modell} ergibt sich für den belaubten Zustand $108\ \mathrm{m}^{-1} < \lambda_{Modell} < 3618\ \mathrm{m}^{-1}$ für die gesamte Spannweite bzw. $270\ \mathrm{m}^{-1} < \lambda_{Modell} < 810\ \mathrm{m}^{-1}$ für den Großteil der untersuchten Gehölzstrukturen. Diese Werte sind aber aufgrund der obigen Ausführungen als zu hoch anzusehen und können nur als Anhaltswerte bzw. für die Abschätzung der Größenordnung dienen.

Abb. 5.4 zeigt beispielhaft einen Gitterkäfigbaum angeordnet in der Modellstraßenschlucht. Von der Modellierung der Baumstämme wurde aufgrund ihres im Vergleich zur Krone vernachlässigbaren Volumens und des geringen Einflusses auf die Strömungs- und Ausbreitungsvorgänge im Straßenraum abgesehen. Der Modellbaum wird durch vier die Straße in Dachhöhe überspannenden dünnen Querträgern fixiert.

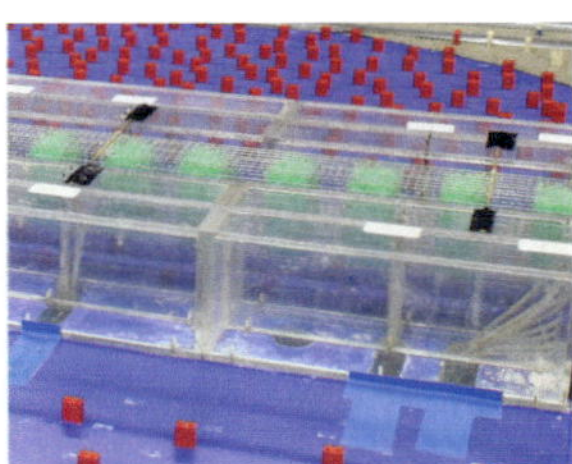

Abb. 5.4: Gitterkäfigbaum im Straßenschluchtmodell.

Zudem wurden noch Modellbaumkronen aus einem porösen Schaumstoffmaterial auf Kunststoffbasis und aus unporösem Styropor hergestellt (Abb. 5.5). Das poröse Schaumstoffmaterial trägt die handelsübliche Bezeichnung 'Schaumstoff, ppi 10' (10 pores per inch) und weist einen Porenvolumenanteil von P_{Vol} = 97 % auf. Die Bestimmung des Blattflächenindexes *LAI* war bei diesem Material nicht möglich. Dafür wurden an aus diesem Material gefertigten Modellbäumen mit kugelförmiger Krone die Widerstandsbeiwerte c_d ermittelt. Die Messungen ergaben für kleine bis moderate Anströmungsgeschwindigkeiten (u < 10 m/s) gute Übereinstimmungen mit den Widerstandsbeiwerten natürlicher Bäume, mit 0.9 < c_d < 1.0 (Gromke und Ruck, 2008a). Der Druckverlustkoeffizient liegt mit λ = 250 m^{-1} über denen der zuvor beschriebenen Gitterkäfigbäumen mit P_{Vol} = 97.5 % bzw. 96 %. Zweck der Baummodelle aus Styropor war es, sehr dichte Baumkronen mit dem Grenzfall der Impermeabilität zu simulieren. Anhand dieser unporösen Modelle sollten die massivsten Auswirkungen von Baumpflanzungen auf die Wind- und Schadstoffausbreitungsverhältnisse in Straßenschluchten erfasst werden.

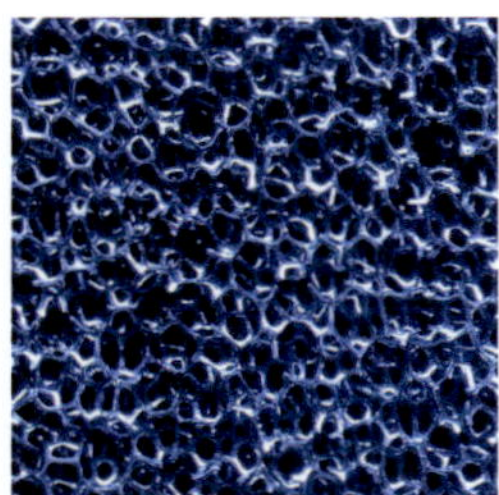

Abb. 5.5: Modellbäume aus Schaumstoff (ppi 10) und Styropor.

5.3 Vorbemerkungen zur Konzentrationsmessung und -darstellung

5.3.1 Normierung der Konzentrationsmessergebnisse mittels Übertragungsfunktion

Die am Windkanalmodell gemessenen Spurengaskonzentrationen c werden für die folgenden Darstellungen und Diskussionen in normierte Konzentrationen c^+ umgerechnet. Die Normierung wird mit der für Linienquellen üblichen Übertragungsfunktion (VDI 3783-12, 2000) durchgeführt, gemäß

$$c^+ = \frac{c\, u_{ref}\, L_{ref}}{Q/l} \qquad (5.6)$$

Hinsichtlich der Wahl der Referenzgrößen besteht eine gewisse Freiheit, da mehrere Bezugsgrößen als physikalisch sinnvoll erachtet werden können. In der Literatur zu Strömungs- und Ausbreitungsvorgängen in Straßenschluchten lassen sich Arbeiten finden, in denen für die Referenzgeschwindigkeit u_{ref} die Grenzschichtgeschwindigkeit u_δ oder beispielsweise $u(z = 10\ \text{m})$ angesetzt wurden. Basierend auf der Überlegung, dass die Strömungs- und Ausbreitungsvorgänge im vorliegenden Straßenschluchtmodell maßgeblich von der Windgeschwindigkeit im unmittelbaren Überdachbereich geprägt werden, ist für u_{ref} die Windgeschwindigkeit u_H der ungestörten Anströmung in Gebäudehöhe H und für die Referenzlänge L_{ref} die Gebäudehöhe H gewählt worden. Mit der Linienquellstärke $Q/l = Q_l$ [m^2/s] lässt sich Gl. (5.6) schreiben als

$$c^+ = \frac{c\, u_H\, H}{Q_l} \qquad (5.7)$$

Mittels der Normierung werden modellspezifische Randbedingungen aus den Messungen entfernt und die Ergebnisse in verallgemeinerter Form dargestellt. Diese verallgemeinerte Darstellung erlaubt wiederum in einem nachgeschalteten Schritt die Berechnung realer Konzentrationen an geometrisch ähnlichen Strukturen bei sonst veränderten Randbedingungen.

Alle in dieser Arbeit dargestellten Konzentrationen sind Mittelwerte, die aus einer Integrationszeit t_i von 105 Sekunden hervorgehen. Die Integrationszeit basiert zum einen auf Testmessungen und zum anderen auf Überlegungen, die die speziellen Strömungsverhältnisse berücksichtigen. Wie bereits in Kap. 2.4 beschrieben wurde, ist im vorliegenden Fall der Canyon Vortex (Schluchtwirbel) eine maßgebende, das Strömungsfeld im Straßenraum dominierende Wirbelstruktur. Dessen Umdrehungszeit t_U wird allgemein mit

$$t_U = \frac{B + H}{0.25\, u_H} \qquad (5.8)$$

abgeschätzt. Für die im Folgenden untersuchten Straßenschluchtkonfigurationen ergeben sich hiermit Zeitverhältnisse von $t_i/t_U > 342$. Anschaulich bedeutet dies, dass die Integrationszeit mindestens 342 Canyon Vortex Umdrehungen umfasst und somit eine ausreichende Mittelungsgrundlage vorhanden ist.

5.3.2 Verifizierung der Übertragungsfunktion

Eine kritische, aber leicht einstellbare Einflussgröße in Gl. (5.7) stellt die Windgeschwindig-keit u_H dar. Bei kleinen Windgeschwindigkeiten wird die kritische Reynoldszahl Re_{krit}, erfor-derlich für die eingeschränkte Reynoldsähnlichkeit, nicht erreicht. Die Strömungsfelder im kleinskaligen Model weisen keine Ähnlichkeit zu denen in der Natur mit Reynoldszahlen weit größer als Re_{krit} auf, eine Übertragung der am Windkanalmodell gewonnenen Erkenntnisse auf den Naturmaßstab ist dann nicht mehr sinnvoll. In der Gebäudeaerodynamik bzw. in der Aerodynamik nicht-stromlinienförmiger Körper (bluff body aerodynamics) wird für scharfkan-tige Geometrien der Wert für die kritische Reynoldszahl häufig pauschal zu Re_{krit} = 10.000 angenommen. In der Tat ist dieser Wert allerdings von der Geometrie des untersuchten Ob-jekts abhängig und in der Literatur lässt sich eine große Bandbreite an Werten für Re_{krit} fin-den.

Zur Verifizierung und Überprüfung des Gültigkeitsbereichs der zur Normierung anzuwen-denden Übertragungsfunktion Gl. (5.7) wurden Untersuchungen durchgeführt. Bei Anströ-mungsgeschwindigkeiten von u_H = 2.6, 4.7 und 6.6 m/s, entsprechend Reynoldszahlen von Re = 20800, 37600 und 52800 gemäß Gl. (5.1), wurden in der Straßenschlucht mit B/H = 1 Spurengaskonzentrationen an den Messstellen A4-1...7 und B4-1...7 im zentralen Straßen-schluchtbereich sowie an den Messstellen A7-1...7 und B7-1...7 im Randbereich gemessen (Abb. 5.2). Mit dieser Messstellenauswahl wurden Straßenschluchtabschnitte, dominiert von unterschiedlichen Wirbelstrukturen bzw. Strömungsregimen (Kap. 2.4) erfasst, so dass die Untersuchungen repräsentative Aussagen für die gesamte Straßenschlucht zulassen.

In Abb. 5.6 sind die normierten Konzentrationen c^+ gemäß Gl. (5.7), gemessen am baum-freien Straßenschluchtmodell bei senkrechter Anströmung, dargestellt. Abb. 5.7 zeigt die normierten Konzentrationen c^+ für die Straßenschlucht mit balkenförmiger Modellbaumkrone aus Styropor (Abb. 5.5).

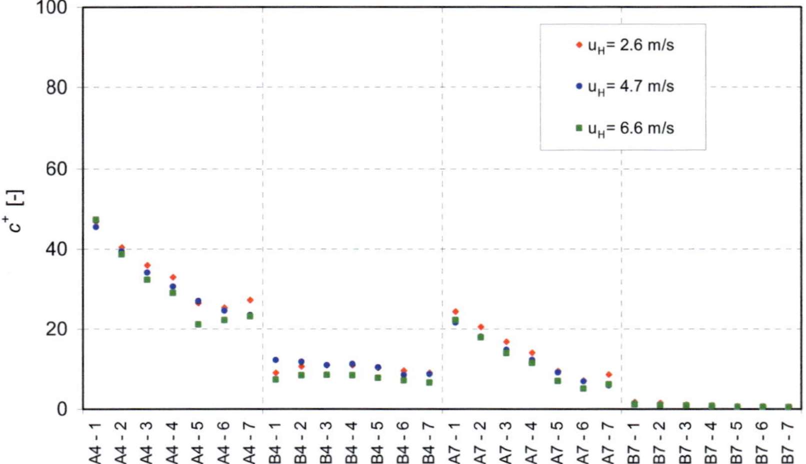

Abb. 5.6: Normierte Konzentrationen c^+ [-] in der leeren Straßenschlucht (B/H = 1). Lage der Messstel-len, siehe Abb. 5.2.

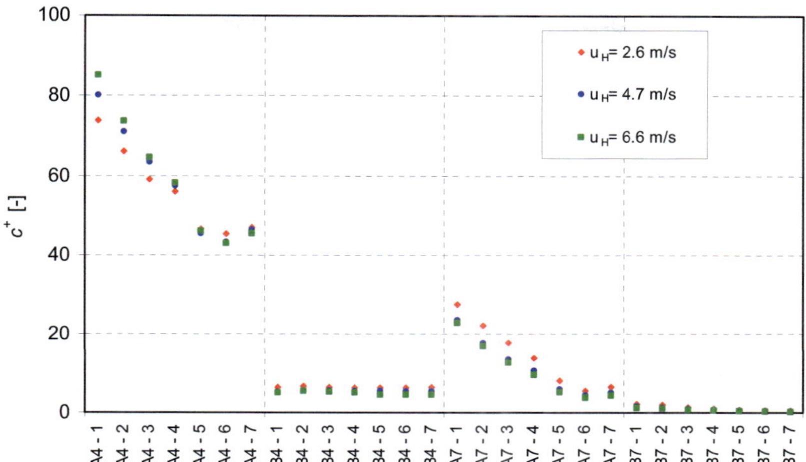

Abb. 5.7: Normierte Konzentrationen c^+ [-] in der Straßenschlucht (B/H = 1) mit Styroporbalken. Lage der Messstellen, siehe Abb. 5.2.

Die Modellbaumkrone (Breite x Höhe x Länge = 0.5 H x 0.67 H x 12 H) ist zentriert angeordnet, besetzt 33.3 % des Straßenraumvolumens und ihre Oberkante schließt mit der Gebäudeoberkante ab (Abb. 5.5). Anhand dieser Konfiguration sollte untersucht werden, ob die Übertragungsfunktion Gl. (5.7) auch in Gegenwart von Modellbaumanordnungen noch Gültigkeit besitzt. Dazu wurde eine unporöse Modellbaumkrone als Grenzfall einer unendlich dichten Baumkrone, von der die massivste Auswirkung auf das Strömungsfeld im Straßenraum angenommen wird, eingesetzt.

Wie aus Abb. 5.6 und Abb. 5.7 zu erkennen ist, besteht keine ausgeprägte Abhängigkeit von den untersuchten Anströmungsgeschwindigkeiten. Insbesondere fallen für u_H = 4.7 und 6.6 m/s die Abweichungen in den normierten Konzentrationen c^+ sehr gering aus. Die Untersuchungen lassen den Schluss zu, dass die Übertragungsfunktion Gl. (5.3) zur Berechnung der normierten Konzentrationen c^+ bei Anströmungsgeschwindigkeiten im Modell von $u_H \geq 4.7$ m/s eingesetzt werden kann.

5.4 Modellierung der verkehrsinduzierten Turbulenz

Wie bereits am Ende von Kap. 5.1 erwähnt, besteht die Möglichkeit die durch den Verkehr induzierte Turbulenz im Experiment zu berücksichtigen. Den Ausgangspunkt für die Modellierung der verkehrsinduzierten Turbulenz bildet das von Plate (1982) beschriebene Ähnlichkeitskriterium. Es werden die Turbulenzproduktionsleistung generiert vom Verkehr P_V zu jener generiert durch die Interaktion zwischen atmosphärischem Wind und Bebauungsstruktur P_W in der Turbulenzproduktionszahl T_P in Relation gesetzt, gemäß

$$T_P = \frac{P_V}{P_W} \tag{5.9}$$

Der Berechnungsansatz für P_V geht davon aus, dass die gesamte von den Fahrzeugen gegen den Luftwiderstand erbrachte Leistung in Turbulenz umgesetzt wird. Für die im Straßenschluchtquerschnitt je Längeneinheit generierte verkehrsinduzierte Turbulenzproduktionsleistung P_V (Einheit: Leistung pro Volumen) wird angesetzt

$$P_V = \frac{\rho\, c_d\, u_V^3\, n_V\, F_V}{B\,H} \tag{5.10}$$

mit ρ der Dichte der Luft, c_d der Widerstandsbeiwert eines Fahrzeuges, u_V der Verkehrsgeschwindigkeit, n_V der Verkehrsstärke [Kfz/m] und F_V der Fahrzeugfrontfläche. F_V, c_d und u_V sind hierbei als mittlere Werte der Fahrzeugflotte zu sehen.

Zur Abschätzung der Turbulenzproduktionsleistung P_W infolge der Interaktion zwischen atmosphärischem Wind und Bebauungsstruktur wird angesetzt

$$P_W = \frac{\rho\, c_f\, u_\delta^3}{H} \tag{5.11}$$

Es sind c_f der Reibungsbeiwert der Bebauungsstruktur und u_δ die Windgeschwindigkeit in Grenzschichthöhe.

Die Realisierung der verkehrsinduzierten Turbulenz in den Windkanaluntersuchungen wird über in Rotation versetzte, mit kleinen Plättchen bestückte, in Straßenlängsrichtung verlaufende Bänder, sogenannte Verkehrsbänder, bewerkstelligt (Abb. 5.8). Durch den Strömungswiderstand der Plättchen wird zusätzliche turbulente kinetische Energie in das System eingebracht. Über Umlenkrollen an den Straßenenden werden die Verkehrsbänder auf der Unterseite der Straße zurückgeführt. Die beiden Verkehrsbänder können unabhängig voneinander mit frei wählbaren Umlaufgeschwindigkeiten betrieben werden, so dass beliebige Einbahn- und Gegenverkehrsszenarien simuliert werden können. Die Plättchen sind mit T-förmigem Querschnitt ausgeführt und haben eine Frontfläche von 52 mm^2. Ihre Tiefe beträgt 3 mm und der Widerstandsbeiwert c_d = 1.2 für Re > 1000 (Hoerner, 1965). Durch Variation des Plättchenabstandes kann der Parameter Verkehrsstärke F_V gezielt eingestellt werden.

Abb. 5.8: Verkehrsbänder mit T-förmigen Plättchen und Umlenkrollen im Vordergrund.

Untersuchungen zur Validierung des Ähnlichkeitskriteriums und seiner Realisierung im Windkanal durch Variation der in die Gln. (5.9) - (5.11) eingehenden Einflussgrößen sind in Kastner-Klein (1999) dokumentiert. Abschließend soll noch angemerkt werden, dass die bei Berücksichtigung verkehrsinduzierter Turbulenz gewonnenen normierten Konzentrationen c^+ Gl. (5.7) stets im Zusammenhang mit dem vorliegenden Verkehrsszenario zu sehen sind. Eine Übertragung der normierten Konzentrationen c^+ in reale Konzentrationen c mittels der Umkehrfunktion von Gl. (5.7) impliziert ein Szenario mit gleicher Turbulenzproduktionszahl T_P.

6. Ergebnisse der experimentellen Untersuchungen

Die Ergebnisse von 37 Straßenschlucht/Baumpflanzkonfigurationen werden vorgestellt. An allen Konfigurationen wurden Konzentrationsmessungen durchgeführt, an einigen ausgewählten darüber hinaus auch Geschwindigkeitsmessungen.

Bei den Straßenschlucht/Baumpflanzkonfigurationen wurden folgende Parametervariationen durchgeführt:

- Straßenbreite- zu Gebäudehöhenverhältnis B/H
  B/H = 1, 2 (geschlossenes, offenes Kronendach über den Fahrspuren)

- Anströmungsrichtung α zur Straßenlängsachse
  α = 90°, 0°, 45° (senkrecht, parallel, schräg)

- Pflanzdichte ρ_b
  ρ_b = 0.5, 1.0

- Kronenporosität P_{Vol}
  P_{Vol} = 0 %, 96 %, 97 %, 97.5 %, 99 %

- Verkehrssituation
  stehender Verkehr, Gegenverkehrsbewegung

Zudem wurden auch für alle B/H - α Kombinationen baumfreie Straßenschluchten, so genannte Referenzfälle, untersucht, um den Einfluss der Baumpflanzungen auf das Strömungs- und Konzentrationsfeld im Straßenraum klarer herausarbeiten zu können.

Ein detaillierter Überblick zu allen untersuchten Straßenschlucht/Baumpflanzkonfigurationen ist im Anhang in Tab. A 1 gegeben.

6.1 Straßenbreite- zu Gebäudehöhenverhältnis B/H = 1

Bei dem vorliegenden Straßenbreite- zu Gebäudehöhenverhältnis B/H = 1 wird allgemein von einer engen Straßenschlucht gesprochen. Typisch für solche Straßenschluchten sind einreihige, mittig entlang der Straßenlängsachse oder zweireihige, seitlich an den Straßenrändern angeordnete Baumpflanzungen mit im Querschnitt über den Fahrspuren geschlossenem Kronenbereich. Da die beiden Pflanzkonfigurationen zu einer vergleichbaren Ausfüllung des Straßenraums mit Kronenvolumen führen, wurden sie in den Windkanaluntersuchungen zusammengefasst durch eine Konfiguration repräsentiert. Deren Verwirklichung im Windkanalmodell mitsamt den geometrischen Beziehungen können Abb. 6.1 entnommen werden.

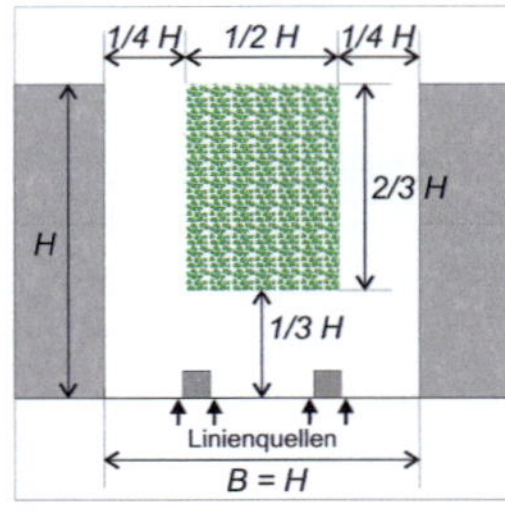

Abb. 6.1: Straßenschlucht (B/H = 1) mit über den Fahrspuren geschlossenem Kronendach (Windkanalmaßstab M = 1:270).

6.1.1 Anströmung senkrecht zur Straßenlängsachse (α = 90°)

Die Anströmung senkrecht zur Straßenlängsachse wird allgemein als die kritischste für den Schadstoffaustausch zwischen Straßenraum und Überdachbereich angesehen, da das direkte Eindringen des Windes und somit die unmittelbare Durchlüftung des Straßenraums aufgrund der Versperrungswirkung der Gebäude behindert wird. Dies ist auch der Grund, weshalb bisher in nahezu allen Untersuchungen ausschließlich der Fall der senkrechten Anströmung behandelt wurde.

6.1.1.1 Referenzfall - Baumfreie Straßenschlucht

Zunächst wird der Fall der baumfreien Straßenschlucht (Abb. 5.1) behandelt. Da im Folgenden die Auswirkungen der Baummodelle auf die Spurengaskonzentrationen häufig in Bezug zur baumfreien Situation gesetzt werden, wird diese Konfiguration auch als Referenzfall bezeichnet. Die Strömungsverhältnisse in dieser Konfiguration sind bereits in Kap 2.4 erläutert worden. Abb. 6.2 zeigt die normierten Konzentrationsmessergebnisse an den innenseitigen Straßenschluchtwänden A und B.

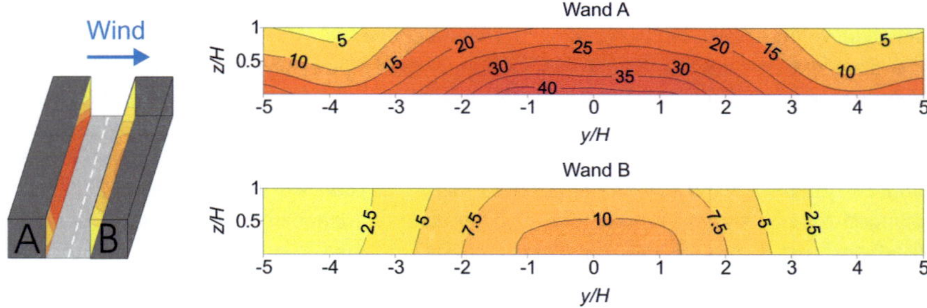

Abb. 6.2: Normierte Konzentrationen c^+ [-] in der baumfreien Straßenschlucht (B/H = 1, α = 90°).

An Wand A (leeseitige Wand) sind deutlich höhere Schadstoffbelastungen als an Wand B (luvseitige Wand) vorhanden. Im Wanddurchschnitt sind hier die Konzentrationen um den Faktor 3.5 höher. Die Erklärung kann anhand des vom Canyon Vortex geprägten Strömungsfeldes gegeben werden. Wie aus Abb. 2.4 ersichtlich, dringt mit dem Canyon Vortex Luft aus dem Überdachbereich vor der luvseitigen Wand B in den Straßenraum ein. Im Fußgängerniveau ist die Strömungsrichtung derjenigen des Überdachbereiches entgegengesetzt, die bodennah freigesetzten Spurengase werden vom Canyon Vortex akkumuliert und zur leeseitigen Wand A transportiert. Hier wird nun die belastete Luft mit dem Canyon Vortex aufwärts geführt. Im oberen Teil der Straßenschlucht sowie im Dachbereich kommt es zum Austausch von Canyon Vortex Luftmassen. Belastete Luft des Straßenraums wird mit unbelasteter Luft der Überdachströmung vermischt. Die im Canyon Vortex verbleibenden, nicht ausgetauschten Restkonzentrationen zeichnen verantwortlich für die Spurengasbelastung an Wand B.

Die höchsten Konzentrationen treten an beiden Wänden im zentralen Straßenschluchtbereich ($-1.5 < y/H < 1.5$) in Bodennähe auf. Hier sind die Konzentrationsbelastungen ca. um den Faktor 3 höher als auf gleichem Niveau in den äußeren Bereichen ($4 < |y/H| < 5$). Die geringeren Konzentrationen an den Straßenenden sind auf die bereits in Kap. 2.4 erläuterte Superposition der Wirbelstrukturen Corner Eddy und Canyon Vortex und der damit einher gehenden verstärkten Belüftung zurückzuführen. Gleichzeitig werden mit dem lateralen Eindringen der Corner Eddies bodennah freigesetzte Spurengase zur Straßenmitte transportiert und angereichert. Damit lassen sich auch die Horizontalkomponenten der Konzentrationsgradienten an Wand A in den Bereichen $1.5 < |y/H| < 4$ erklären. Die Ausrichtung der Isokonzen (Konzentrationsisolinien) bzw. der senkrecht darauf stehenden Konzentrationsgradienten erlaubt zudem Rückschlüsse auf die Eindringtiefe der Corner Eddies. Im vom Canyon Vortex dominierten Bereich sind vertikale Konzentrationsgradienten zu erwarten, was im Zentrum der Straßenschlucht ($-1.5 < y/H < 1.5$) der Fall ist. Diese Beobachtung geht mit den Angaben von Hunter et al. (1990/91) konform, nach denen bei der vorliegenden Geometrie ein seitliches Eindringen der Corner Eddies bis zu einer Entfernung von etwa 3.5 y/H vom Straßenschluchtrand zu erwarten ist. Die an den Seitenrändern der Wand A bei $y/H = \pm5$ leicht erhöhten Konzentrationen sind auf die Ausbildung vergleichsweise stabiler (zeitlich und räumlich stationärer), austauscharmer Totwassergebiete hinter den vertikalen Strömungsabrisskanten zurückzuführen, in denen Spurengase eingefangen bleiben.

Die Validierung des experimentellen Aufbaus und der daran gewonnenen Messergebnisse soll anhand von Vergleichen mit Windkanaluntersuchungen von Dritter Seite geschehen. Obwohl, wie aus Kap. 0 ersichtlich, eine Vielzahl von Windkanaluntersuchungen zur Schadstoffverteilung in leeren Straßenschluchten in der Literatur dokumentiert ist, gestaltet sich ein direkter Vergleich nicht immer ganz unproblematisch. Die Gründe hierfür liegen in teilweise abweichenden Versuchsrandbedingungen, beispielsweise in

- den Anströmungscharakteristiken des Windkanals
- der Geometrie, Abmaße und Anordnung des Straßenschluchtmodells
  (isoliert oder mit Nachbarbebauung, seitlich offenes (3D) oder geschlossenes (2D) Straßenschluchtmodell, L/H- und B/H-Verhältnisse)
- der Anzahl, Position und dem Austrittsimpuls der Linienquellen
- der Position der Konzentrationsmessstellen.

Diese speziellen bzw. individuellen Versuchsrandbedingungen sind aber nicht als eine generelle Restriktion der Verallgemeinerbarkeit der an der untersuchten Straßenschlucht gemessenen Konzentrationen zu verstehen. Die vorliegende Geometrie gestattet vorteilhafterweise das Studium der Konzentrationsverteilung in den drei von unterschiedlichen Strömungsregimen dominierten Windfeldern innerhalb der Straßenschlucht. Dies sind (i) der Außenbereich dominiert vom Corner Eddy, (ii) der Übergangsbereich dominiert von der Superposition von Corner Eddy und Canyon Vortex sowie (iii) der Innenbereich alleinig dominiert vom Canyon

Vortex. Ein Vergleich mit anderen Untersuchungen ist bei abweichenden Geometrien nur getrennt für die entsprechenden Bereiche sinnvoll.

Von den in Kap. 0 vorgestellten und besprochenen Arbeiten wird die von Meroney et al. (1996) durchgeführte Windkanalstudie für Vergleichs- und Validierungszwecke herangezogen. Die Gründe hierfür sind die ausführliche Dokumentation der Versuchsrandbedingungen und die Tatsache, dass die Messergebnisse allgemeine Anerkennung gefunden haben. Da allerdings in der Studie eine Straßenschlucht mit zweidimensionalen Strömungsverhältnissen untersucht wurde, ist nur ein Vergleich der Konzentrationsmessergebnisse aus dem Innenbereich sinnvoll. Weitere Abweichungen in den Versuchsrandbedingungen deren Einflüsse auf die Konzentrationswerte nicht berücksichtigt bzw. eliminiert werden konnten, bestehen hinsichtlich der Linienquellen und der Position der Messstellen. Hervorzuheben ist der Umstand, dass im Straßenschluchtmodell von Meroney et al. (1996) die Konzentrationsmessstellen unmittelbar an den Wänden, im hiesigen Modell jedoch 0.5 cm ($x/H = 0.042$) den Wänden vorgelagert waren. Abb. 6.3 zeigt eine Gegenüberstellung der Konzentrationswerte der zentralen Messstellen A4-1..7 und B4-1..7 an der Lee- bzw.- Luvwand.

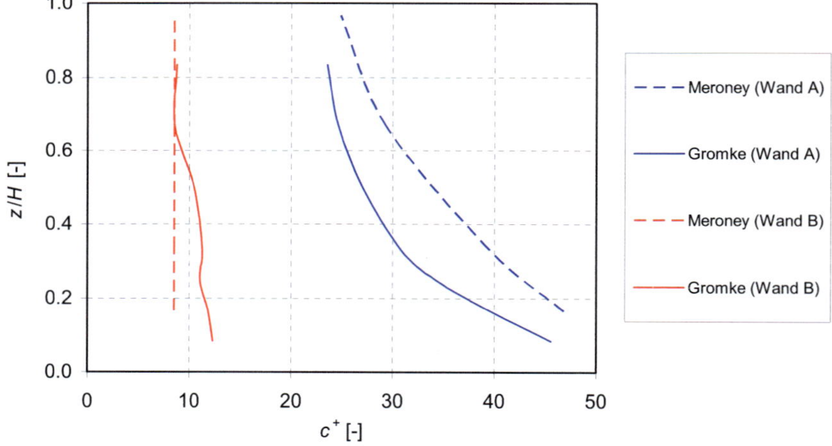

Abb. 6.3: Vergleich der Konzentrationsmessergebnisse mit Werten von Meroney et al. (1996).

Der Vergleich der normierten Konzentrationen c^+ ergibt für das hiesige Straßenschluchtmodell leicht höhere Werte an Wand B und geringere Werte an Wand A. Diese Abweichungen sind mit dem unterschiedlichen Abstand der Messstellen zu den Straßenschluchtwänden zu erklären. Beide Untersuchungen weisen vergleichbare höhenabhängige Konzentrationsverläufe auf. Während an Wand B nahezu höhenkonstante Konzentrationsniveaus vorliegen, sind an Wand A gleichartig ausgeprägte Abfälle mit zunehmender Höhe festzustellen, so dass der experimentelle Aufbau und die daran gewonnenen Messergebnisse als validiert angesehen werden können.

Alle in Kap. 6.1.1 behandelten Straßenschlucht/Baumpflanzkonfigurationen sind bezüglich ihrer Geometrie und Strömungsrandbedingungen symmetrisch zur z-y-Ebene (Abb. 5.1). Die nahezu perfekte symmetrische Konzentrationsverteilung an beiden Straßenschluchtwänden in Abb. 6.2 spiegelt dies wider. Die zu erwartende symmetrische Konzentrationsverteilung kann in einem ersten Schritt als Kontrollkriterium der Güte der Versuchsdurchführung und in einem zweiten Schritt, bei Erfüllung des Gütekriteriums, zur Berechnung der Konzentrationen außerhalb der Symmetrieebene als Mittelwert herangezogen werden. In den folgenden Konturbildern der Wandkonzentrationen wurde von der Symmetrieeigenschaft Gebrauch gemacht. Abb. 6.4 zeigt die entsprechenden Darstellungen für die baumfreie Straßenschlucht zum Vergleich mit Abb. 6.2.

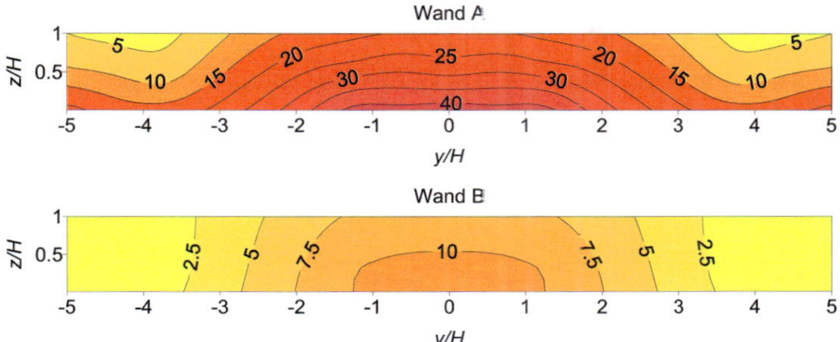

Abb. 6.4: Normierte Konzentrationen c^+ [-] in der baumfreien Straßenschlucht (B/H = 1, α = 90°) unter Ausnutzung der symmetrischen Randbedingungen.

Um die Größenordnung der Messfehler der Konzentrationsmessungen einzuschätzen, wurde eine Messgenauigkeitsanalyse auf Grundlage von Gl. (3.11) durchgeführt. In Abb. 6.5 sind die Messgenauigkeiten in Form von normierten Konzentrationen c^+ [-] (links) und der Variationskoeffizienten VarK(c) [%] (rechts) dargestellt. An der Wand A belaufen sich die Messgenauigkeiten im Mittel auf 8 %, an Wand B auf 12 %.

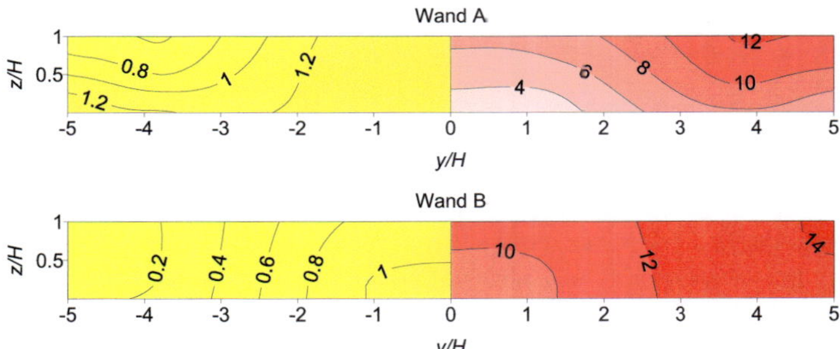

Abb. 6.5: Messgenauigkeiten - normierte Konzentrationen c^+ [-] (links) und Variationskoeffizienten VarK(c) [%] (rechts), (B/H = 1, α = 90°).

In der vertikalen x-z-Ebene bei y/H = 0.5 (Abb. 5.1) wurde die Vertikalkomponente der Windgeschwindigkeit w innerhalb der Straßenschlucht mittels Laser-Doppler-Anemometrie (LDA) gemessen (Abb. 6.6). Ziel war es, die Auswirkungen der Baumpflanzungen auf das Strömungsfeld und die Volumenströme des vom Canyon Vortex beherrschten zentralen Straßenschluchtbereichs zu erfassen. Abb. 6.7 zeigt die normierten, mittleren und fluktuierenden Anteile der Vertikalgeschwindigkeit w^+ und w'^+ gemäß

$$w^+ = \overline{w}^+ = \frac{\overline{w}}{u_H} \qquad (6.1)$$

bzw.

$$w'^+ = \overline{w'}^+ = \frac{\overline{w'}}{u_H} \qquad (6.2)$$

wobei u_H die in der ungestörten Anströmung auf Gebäudehöhe H vorliegende Windge-schwindigkeit (Referenzgeschwindigkeit) ist. Im Überdachbereich ($z/H > 1$) sind überwiegend negative Vertikalgeschwindigkeiten vorhanden. Dies ist auf das Wiederanlegen der an der Vorderkante des luvseitigen Gebäudes abgelösten Strömung im hinteren Dachbereich zu-rückzuführen. Innerhalb der Straßenschlucht ($z/H < 1$) sind, wie aufgrund des Canyon Vortex zu erwarten, abwärts gerichtete Luftbewegungen vor der luvseitigen Wand B ($x/H > 0$) und aufwärts gerichtete Luftbewegungen vor der leeseitigen Wand A ($x/H < 0$) zu erkennen. Die maximalen Geschwindigkeiten betragen etwa 25 % der Referenzgeschwindigkeit u_H.

Abb. 6.6: Laser-Doppler-Anemometrie-Messungen (LDA) am Straßenschluchtmodell.

Zur Quantifizierung der im Canyon Vortex mitrotierenden Luftmengen können die vertikalen Volumenströme der auf- bzw. abwärts gerichteten Luftbewegungen herangezogen werden. Für die aufsteigenden Luftmengen vor Wand A ergibt sich ein, über die Höhe $0.4 < z/H < 0.8$ gemittelter, normierter Volumenstrom von $V_A^+ = 0.074$. Wird dieser Wert mit der Referenzge-schwindigkeit u_H und der Referenzlänge H multipliziert, so erhält man den vertikalen Volu-menstrom pro Längeneinheit in Straßenlängsrichtung. Von dieser anschaulichen Deutung des normierten Volumenstrom V^+ einmal abgesehen, ist er darüber hinaus, wie sich später noch zeigen wird, eine nützliche Kenngröße, um Canyon Vortex Strukturen unterschiedlicher Straßenschlucht/Baumpflanzkonfigurationen zu vergleichen. Für die abwärtsgerichteten Luftbewegungen vor der luvseitigen Wand B ergibt sich ein normierter Volumenstrom von $V_B^+ = 0.059$. Aus der Bilanz beider Volumenströme folgt, dass zur Erfüllung der Kontinuität Strömungskomponenten in Straßenlängsrichtung vorliegen, deren Nettovolumenstrom etwa 25 % des mit dem Canyon Vortex rotierenden Luftvolumenstroms beträgt.

Die maximalen vertikalen Geschwindigkeitsfluktuationen treten an der Hinterkante des luvseitigen Gebäudes im Übergang vom Straßenschlucht- zum Dachbereich auf ($z/H \approx 1$). Sie werden mit dem Canyon Vortex vor die luvseitige Wand B transportiert und verlieren dort an Intensität.

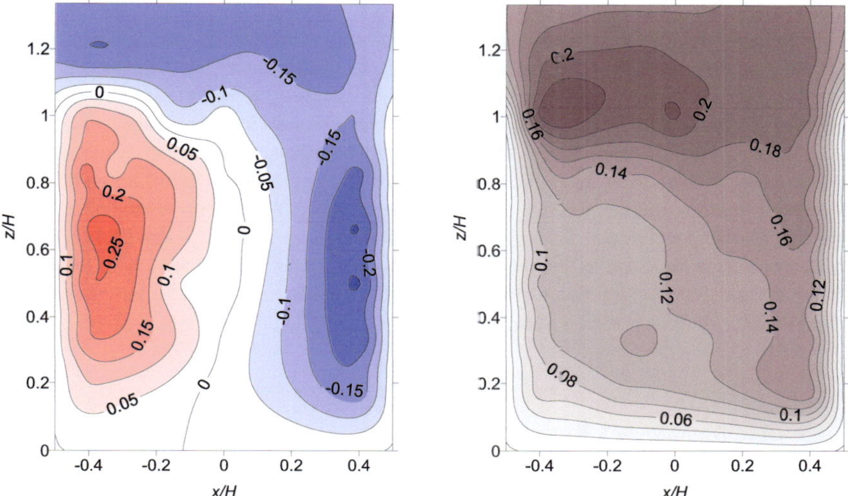

Abb. 6.7: Normierte mittlere w^+ (links) und fluktuierende w'^+ (rechts) Vertikalgeschwindigkeiten in der x-z-Ebene bei y/H = 0.5 in der baumfreien Straßenschlucht (B/H = 1, α = 90°).

6.1.1.2　Variation der Kronenpermeabilität

In den folgenden Unterkapiteln werden Straßenschluchten mit Baumpflanzungen maximaler Pflanzdichte ρ_b, d.h. mit ineinander übergehenden Kronen (ρ_b = 1), untersucht. Für unterschiedliche Kronenpermeabilitäten werden die wandnahen Konzentrationen und, sofern LDA-Messungen vorliegen, Geschwindigkeitsfelder im Straßenraum dargestellt und diskutiert.

Hohe Kronenpermeabilität (P_{Vol} = 99 %, Gitterkäfigbaum)

Die Konzentrationsverteilungen an den Gebäudewänden für die Straßenschlucht mit einer Baumpflanzung hoher Kronenpermeabilität sind in Abb. 6.8 dargestellt. Im Vergleich zur baumfreien Straßenschlucht (Abb. 6.4) sind schon deutliche Auswirkungen auf die Konzentrationsverteilungen an den Wänden festzustellen. Im zentralen Bereich (-1.5 < y/H < 1.5) der Straßenschlucht ist eine Konzentrationszunahme an der leeseitigen Wand A und eine Konzentrationsabnahme an der luvseitigen Wand B zu verzeichnen. Im Wandmittel steigt die Konzentration an Wand A um 18 % und an Wand B fällt sie um 17 % im Vergleich zum baumfreien Referenzfall. Insgesamt, aufgrund der höheren Konzentrationsbelastung an Wand A, verbleibt ein Anstieg von 11 % in den wandnahen Konzentrationen.

Um die Änderungen in den Konzentrationen im Vergleich zum Referenzfall der baumfreien Straßenschlucht deutlicher und auch in quantitativer Weise zu erfassen, eignet sich die Berechnung und Darstellung relativer Konzentrationsänderungen δ^+_c gemäß

$$\delta^+_c = \frac{c^+_{akt} - c^+_{ref}}{c^+_{ref}} \tag{6.3}$$

mit c^+_{akt} dem normierten Konzentrationswert der aktuell betrachteten Straßenschlucht/Baumpflanzkonfiguration und c^+_{ref} dem normierten Konzentrationswert des entsprechenden Referenzfalles. In Abb. 6.9 sind die relativen Konzentrationsänderungen δ^+_c der Straßenschlucht mit Baumpflanzung hoher Kronenporosität bezogen auf die baumfreie Ausführung (Referenzfall) dargestellt. An der leeseitigen Wand A sind durchweg Konzentrationsanstiege vorhanden. Hier zeigen sich die Auswirkungen der Kronenporosität in einer stetigen Konzentrationszunahme von den Straßenschluchtenden hin zum zentralen Bereich mit maximalen Zunahmen von 30 % in der Mittelebene bei $y/H = 0$. An der luvseitigen Wand B treten überwiegend Konzentrationsabnahmen auf. Die maximalen Konzentrationsabnahmen sind im zentralen Straßenschluchtbereich vorhanden. Lediglich bodennah im Übergangs- und Außenbereich sind leichte Anstiege in den Konzentrationen festzustellen. Es ist jedoch zu beachten, dass aufgrund der geringen Spurengasbelastung an Wand B nur geringe Änderungen in den absoluten Konzentrationen zu verzeichnen sind.

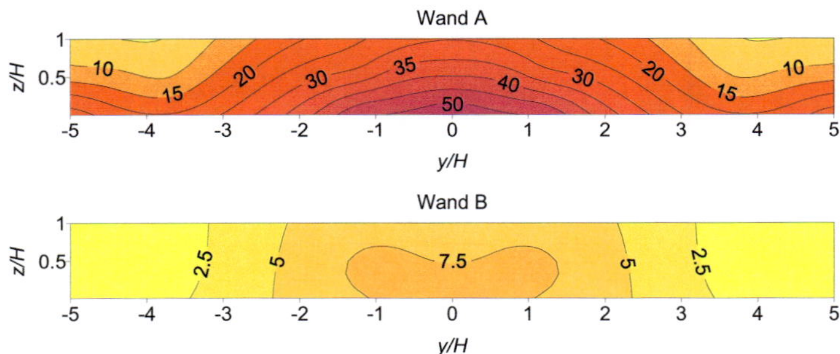

Abb. 6.8: Normierte Konzentrationen c^+ [-] in der Straßenschlucht mit Baumpflanzung hoher Kronenpermeabilität ($B/H = 1$, $\alpha = 90°$, $\rho_b = 1$, $P_{Vol} = 99$ %).

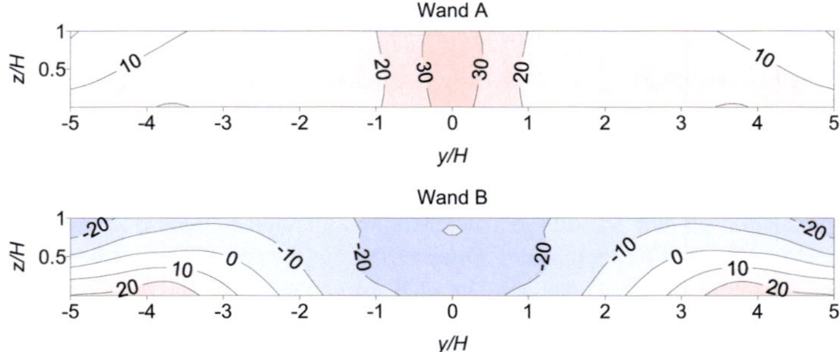

Abb. 6.9: Relative Konzentrationsänderungen δ^+_c [%] in der Straßenschlucht mit Baumpflanzung hoher Kronenporosität ($B/H = 1$, $\alpha = 90°$, $\rho_b = 1$, $P_{Vol} = 99$ %) bezogen auf die baumfreie Straßenschlucht.

Mittlere Kronenpermeabilität ($P_{Vol} = 97.5$ %, Gitterkäfigbaum)

Ähnlich wie zuvor bei der Baumpflanzung mit hoher Kronenporosität (Abb. 6.8) sind im Vergleich mit der baumfreien Straßenschlucht (Abb. 6.4) Konzentrationszunahmen an der leeseitigen Wand A und Konzentrationsabnahmen an der luvseitigen Wand B zu erkennen (Abb. 6.10), diesmal jedoch stärker ausgeprägt mit 41 % bzw. 38 % im jeweiligen Wandmittel und einem resultierenden Gesamtanstieg der wandnahen Konzentrationen von 25 %. Die Darstellung der relativen Konzentrationsänderungen δ^+_c mit der baumfreien Straßenschlucht als Bezugsfall (Abb. 6.10) zeigt im Vergleich zur Baumpflanzung mit hoher Kronenporosität (Abb. 6.8) eine homogene Verteilung der relativen Konzentrationsanstiege an Wand A. Nur in den äußeren Bereichen der Straßenschlucht lassen sich zwischen $3 < |y/H| < 4$ erhöhte und bei $y/H = \pm5$ geringere relative Konzentrationszunahmen erkennen. Die im Bereich $3 < |y/H| < 4$ auftretenden hohen relativen Konzentrationszunahmen sind darauf zurückzuführen, dass die Baumkronen eine Blockade für die seitlich in den Straßenraum eindringenden Corner Eddies sind. An Wand B treten wie zuvor die maximalen Konzentrationsabfälle im zentralen Teil der Straßenschlucht auf. Im äußeren, bodennahen Bereich sind schließlich wieder Konzentrationszunahmen zu beobachten.

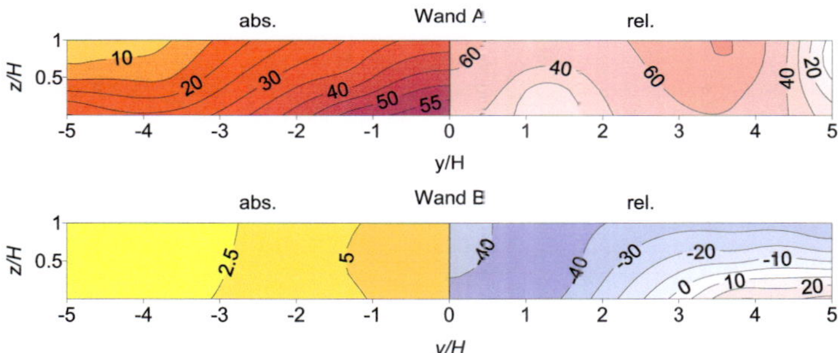

Abb. 6.10: Normierte Konzentrationen c^+ [-] und relative Konzentrationsänderungen δ^-_c [%] ($B/H = 1$, $\alpha = 90°$, $\rho_b = 1$, $P_{Vol} = 97.5$ %) bezogen auf die baumfreie Straßenschlucht.

Geringe Kronenpermeabilität ($P_{Vol} = 97$ %, Schaumstoffbaum)

Wie bereits in Kap. 5.2.2 erwähnt, wurden auch Modellbäume aus einem porösem Schaumstoffmaterial (Schaumstoff ppi 10) mit einem Porenvolumenanteil von $P_{Vol} = 97$ % und einem Druckverlustkoeffizienten von $\lambda_{97} = 250$ m^{-1} angefertigt (Abb. 5.5 Mitte). Die Konzentrationsverteilungen an den Straßenschluchtwänden (Abb. 6.11) zeigen eine Fortführung der bereits bei den zuvor besprochenen Baummodellen gefundenen Trends in den Konzentrationsänderungen mit stärker ausgeprägten Zu- bzw. Abnahmen an der Lee- und Luvwand. Verglichen mit dem Referenzfall (Abb. 6.4) steigen an Wand A die Spurengasbelastungen im Mittel um 57 % an und fallen an Wand B um 45 % ab, in summa verbleibt ein durchschnittlicher Konzentrationsanstieg von 38 % in den wandnahen Bereichen. Auch hier sind die relativen Konzentrationsänderungen δ^+_c mit der baumfreien Straßenschlucht als Bezugsfall relativ homogen über die leeseitige Wand A verteilt (Abb. 6.11). Die schon bei der Straßenschlucht mit mittlerer Kronenporosität ($P_{Vol} = 97.5$ %) (Abb. 6.10) gefundenen überdurchschnittlichen relativen Konzentrationsanstiege in den Wandaußenbereichen ($3 < |y/H| < 4$) sind diesmal stärker betont.

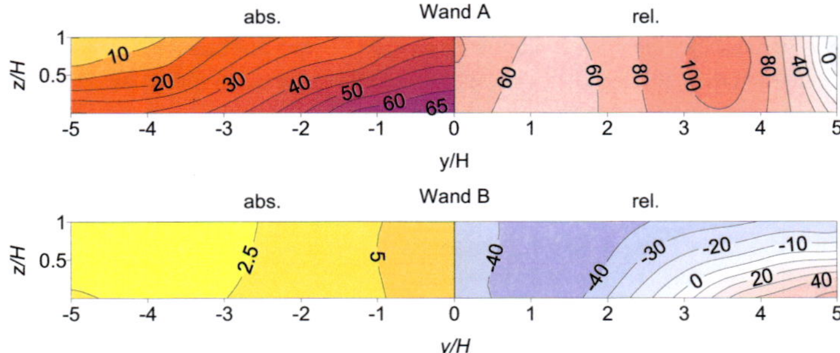

Abb. 6.11: Normierte Konzentrationen c^+ [-] und relative Konzentrationsänderungen δ^+_c [%] ($B/H = 1$, $\alpha = 90°$, $\rho_b = 1$, $P_{Vol} = 97\ \%$) bezogen auf die baumfreie Straßenschlucht.

Für diese Straßenschlucht/Baumpflanzkonfiguration wurden auch Laser-Doppler-Anemo-meter-Messungen (LDA) der Vertikalkomponente der Windgeschwindigkeit in der x-z-Ebene bei $y/H = 0.5$ durchgeführt (Abb. 6.12). Es sind wiederum, wie zuvor im Referenzfall der baumfreien Straßenschlucht (Abb. 6.7), abwärtsgerichtete Luftbewegungen vor der luvseiti-gen Wand B und aufwärtsgerichtete Luftströmungen vor der leeseitigen Wand A vorhanden.

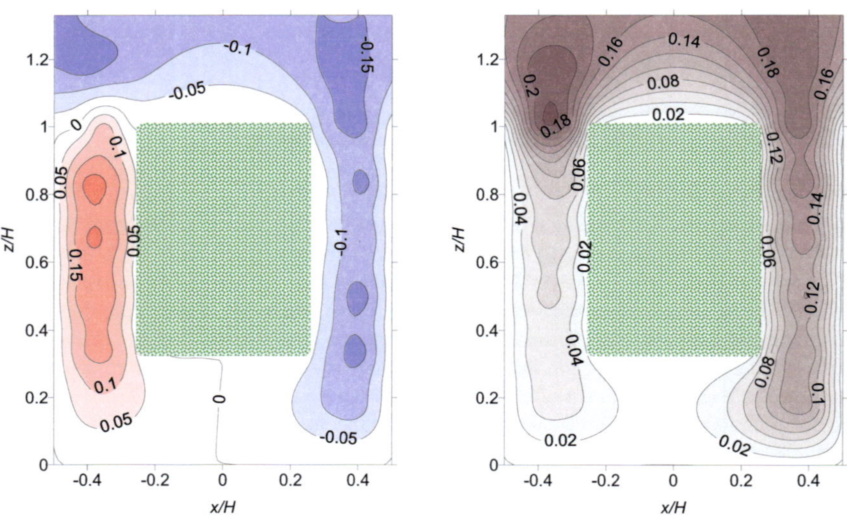

Abb. 6.12: Normierte mittlere w^+ und fluktuierende w'^+ Vertikalgeschwindigkeiten in der x-z-Ebene bei $y/H = 0.5$ für die Straßenschlucht mit Baumpflanzung mittlerer Kronenporosität ($B/H = 1$, $\alpha = 90°$, $\rho_b = 1$, $P_{Vol} = 97\ \%$).

Eine nennenswerte Durchströmung des porösen Kronenraums ist nicht zu erkennen. Als Fazit lässt sich formulieren, dass es auch bei dieser Konfiguration zur Ausbildung eines Can-yon Vortex's kommt, der allerdings auf die Spalte zwischen Baumkrone und Gebäudewän-den beschränkt ist. Die maximalen Vertikalgeschwindigkeiten fallen diesmal kleiner aus und betragen etwa 15 - 20 % der Referenzgeschwindigkeit u_H. In Verbindung mit dem verengten durchströmten Querschnitt reduziert sich der Volumenstrom vor Wand B auf 37 % und der vor Wand A auf 43 % gegenüber denjenigen in der baumfreien Straßenschlucht ($V_B^+ = 0.022$ bzw. $V_A^+ = 0.032$).

Durch die Baumkrone werden die fluktuierenden Geschwindigkeitsanteile w'^+ in Bereichen unmittelbar über und unter der Krone stark gedämpft. Dies bedeutet eine geringere vertikale turbulente Anfangsdurchmischung der von der Linienquelle emittierten Spurengase. Die Fluktuationen im aufwärtsgerichteten Volumenstrom vor Wand A sind deutlich kleiner als vor Wand B und auch als im baumfreien Referenzfall (Abb. 6.7).

Anhand der Geschwindigkeitsfelder lassen sich nun auch die in Straßenschluchten mit Baumpflanzungen gefundenen relativen Konzentrationsänderungen δ^+_c für den zentralen Bereich erklären. Der Konzentrationsanstieg an Wand A ist hauptsächlich auf das geringere, mit dem Canyon Vortex rotierende Luftvolumen zurückzuführen. Die an der Wand B beobachteten Konzentrationsabnahmen sind mit einer Behinderung der direkten Strömung und somit auch eines direkten Spurengastransports von Wand A zu Wand B durch die Kronenanordnung in der Mitte des Straßenschluchtquerschnitts zu verstehen. Stattdessen wird das aufsteigende Luftvolumen vor Wand A direkt in die Überdachströmung eingeleitet, d.h. sämtliche belastete Straßenraumluft wird mit unbelasteter Luft der Überdachströmung vermischt. Die schließlich wieder vor der luvseitigen Wand B in den Straßenraum eindringende Luft weist noch Restkonzentrationen auf und ist Ursache für die nahezu höhenunabhängige Schadstoffbelastung.

Niedrige Kronenpermeabilität (P_{Vol} = 96 %, Gitterkäfigbaum)

Bei einer weiteren Reduzierung des Porenvolumenanteils sind nur noch marginale Veränderungen in den wandnahen Konzentrationen feststellbar. Abb. 6.13 zeigt die normierten Konzentrationen c^+ und relativen Änderungen δ^+_c für die Straßenschlucht mit Baumpflanzung niedriger Kronenporosität (P_{Vol} = 96 %, λ_{96} = 200 m^{-1}) mit Bezug auf die Pflanzung mit P_{Vol} = 97 % und einem Druckverlustkoeffizienten von λ_{97} = 250 m^{-1} (Abb. 6.11). Die relativen Änderungen δ^+_c in der direkten Gegenüberstellung betragen an Wand A weniger als 1 % und an Wand B -16 %. Hinsichtlich der luvseitigen Wand B ist zu bedenken, dass aufgrund der niedrigen Belastung die relativen Änderungen nur mit geringen Änderungen in den absoluten (normierten) Konzentrationen verbunden sind, insbesondere an den Straßenschluchtenden.

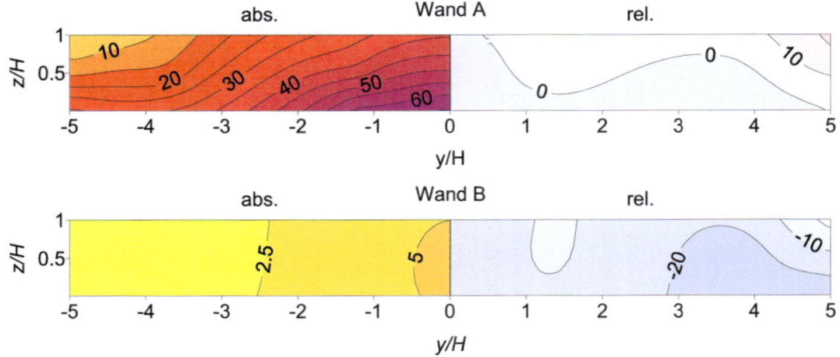

Abb. 6.13: Normierte Konzentrationen c^+ [-] und relative Konzentrationsänderungen δ^+_c [%] (B/H = 1, α = 90°, ρ_b = 1, P_{Vol} = 96 %) bezogen auf P_{Vol} = 97 %.

Ohne Kronenpermeabilität (P_{Vol} = 0 %, Styroporbaum)

Abschließend wird in dieser Versuchsreihe noch der Grenzfall einer unporösen Modellbaumkrone aus Styropor behandelt (Abb. 5.5 rechts). Hintergrund für diese Untersuchungen war es, die potentiell weitestreichenden Auswirkungen einer Baumpflanzung auf das Konzentrations- und Strömungsfeld in der Straßenschlucht zu erfassen.

Auch hier zeigen sich beim Vergleich mit der Baumpflanzung mittlerer Kronenporosität (P_{Vol} = 97 %) nur geringfügige Änderungen in den Konzentrationen (Abb. 6.14). Im Mittel belaufen sie sich auf -1 % an Wand A und -9 % an Wand B.

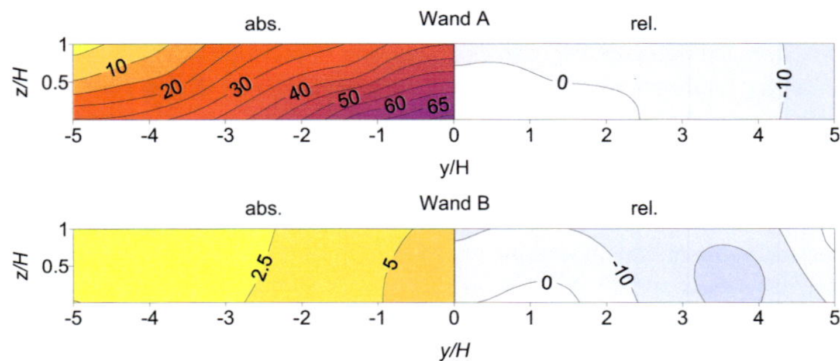

Abb. 6.14: Normierte Konzentrationen c^+ [-] und relative Konzentrationsänderungen δ^+_c [%] (B/H = 1, α = 90°, ρ_b = 1, P_{Vol} = 0 %) bezogen auf P_{Vol} = 97 %.

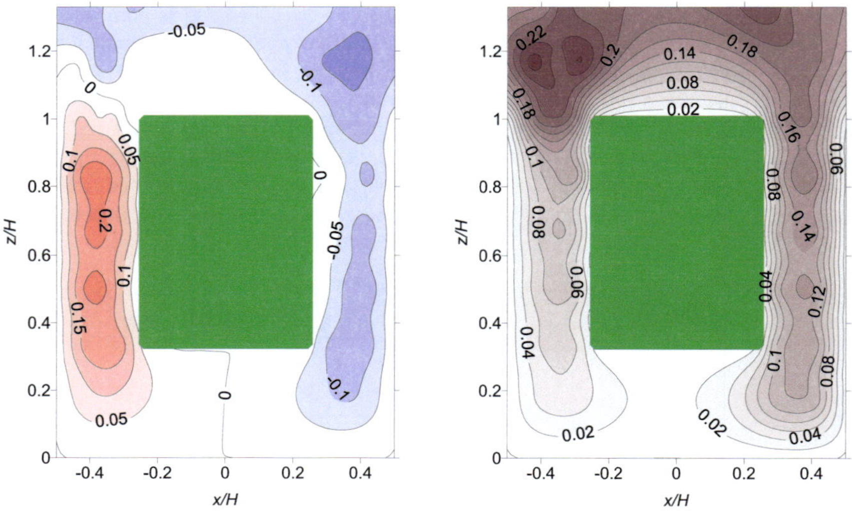

Abb. 6.15: Normierte mittlere w^+ und fluktuierende w'^+ Vertikalgeschwindigkeiten in der x-z-Ebene bei y/H = 0.5 für die Straßenschlucht mit Baumpflanzung ohne Kronenporosität (B/H = 1, α = 90°, ρ_b = 1, P_{Vol} = 0 %).

Auch die Felder der normierten mittleren und fluktuierenden Vertikalgeschwindigkeitsanteile w^+ und w'^+ (Abb. 6.15), weisen keine signifikanten Änderungen gegenüber denen der Straßenschlucht mit Baumpflanzung mittlerer Kronenporosität (P_{Vol} = 97 %) auf (Abb. 6.12). Die Volumenströme der auf- und abwärtsgerichteten Luftbewegungen vor Wand A und Wand B sind mit V_A^+ = 0.034 bzw. V_B^+ = 0.016 fast unverändert.

6.1.1.3 Variation der Pflanzdichte

Im Gegensatz zu den in Kap. 6.1.1.2 behandelten Baumpflanzungen mit ineinander übergehenden Kronen (Pflanzdichte ρ_b = 1) werden nun aufgelockerte Baumreihen behandelt. Im Folgenden werden die Ergebnisse von Baumpflanzungen mit Freiräumen entsprechend der Kronentiefe in Straßenlängsrichtung (ρ_b = 0.5) detailliert vorgestellt. Die Versuche hierzu wurden mit Baumpflanzungen mittlerer und niedriger Kronenporosität (P_{Vol} = 97.5 % bzw. 96 %) bei Befüllung nur jeder zweiten Zelle durchgeführt, siehe Abb. 5.4. Weitere Untersuchungen zum Einfluss der Pflanzdichte bei kugelförmiger Kronenausbildung entsprechend Abb. 5.5 auf die Strömungs- und Konzentrationsfelder in Straßenschluchten sind in Gromke und Ruck (2007a,b,c) beschrieben.

Mittlere Kronenpermeabilität (P_{Vol} = 97.5 %, Gitterkäfigbaum)

Auch bei dieser Konfiguration sind im Vergleich zum baumfreien Referenzfall merkliche Änderungen in den Konzentrationsbelastungen an den Straßenschluchtwänden präsent (Abb. 6.16). Wie in den Straßenschluchten zuvor, sind Konzentrationsanstiege an der leeseitigen Wand A und Konzentrationsabnahmen an der luvseitigen Wand B zu erkennen mit im Wandmittel relativen Konzentrationsänderungen von δ^+_c = +38 % bzw. -34 %.

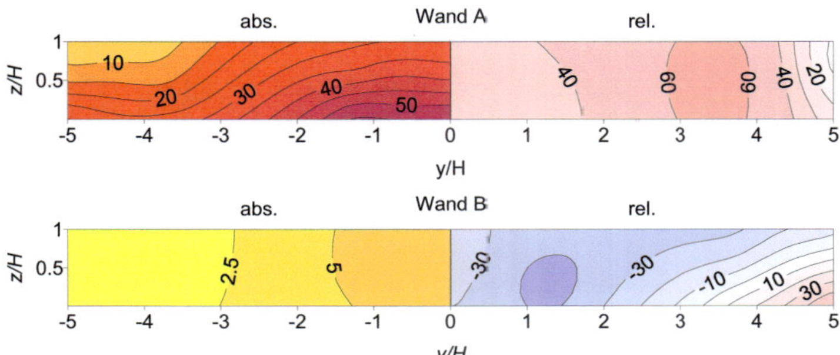

Abb. 6.16: Normierte Konzentrationen c^+ [-] und relative Konzentrationsänderungen δ^+_c [%] (B/H = 1, α = 90°, ρ_b = 0.5, P_{Vol} = 97.5 %) bezogen auf die baumfreie Straßenschlucht.

Der direkte Vergleich der Baumpflanzung mit niedriger (ρ_b = 0.5) zu hoher (ρ_b = 1) Pflanzdichte bei gleichem Porenvolumenanteil zeigt nur geringe Änderungen in den wandnahen Konzentrationen. Beide Wände lassen sowohl Zu- als auch Abnahmen erkennen. An Wand A sind vor allem im oberen Fassadenbereich (z/H > 0.5) leicht geringere Konzentrationsbelastungen vorhanden, während im Bereich unmittelbar über dem Straßenniveau (z/H < 0.5) etwas höhere Belastungen anzutreffen sind. An Wand B treten, abgesehen vom Übergangsbereich 3 < |y/H| < 4, Konzentrationszunahmen auf. Die relativen Konzentrationsänderungen δ^+_c bei der Pflanzung mit hoher Pflanzdichte als Bezugsfall belaufen sich im Mittel auf -2 % an Wand A und +6 % an Wand B.

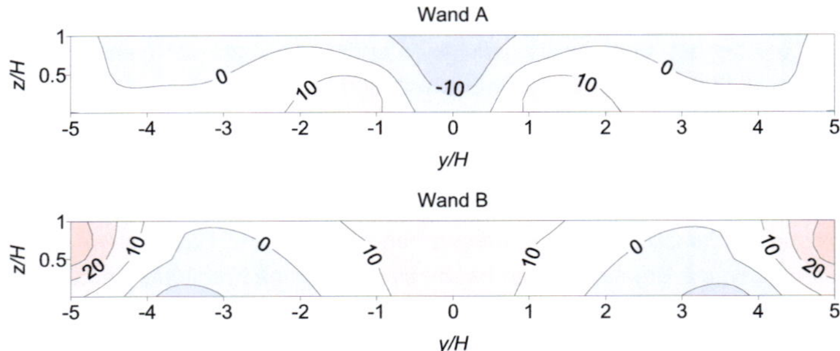

Abb. 6.17: Relative Konzentrationsänderungen δ^{+}_{c} [%] (B/H = 1, α = 90°, ρ_b = 0.5, P_{Vol} = 97.5 %) bezogen auf ρ_b = 1.

Niedrige Kronenpermeabilität (P_{Vol} = 96 %, Gitterkäfigbaum)

Die relativen Konzentrationsänderungen δ^{+}_{c} [%] in Bezug zum baumfreien Referenzfall (Abb. 6.18) sind ähnlich der Variante mit mittlerer Kronenporosität bei niedriger Pflanzdichte (Abb. 6.16). Im Wandmittel nehmen diesmal die Konzentrationsbelastungen an Wand A um 37 % zu und Wand B um 26 % ab.

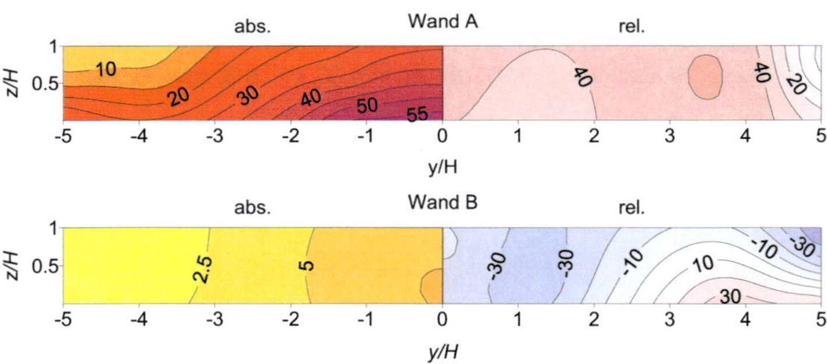

Abb. 6.18: Normierte Konzentrationen c^{+} [-] und relative Konzentrationsänderungen δ^{+}_{c} [%] (B/H = 1, α = 90°, ρ_b = 0.5, P_{Vol} = 96 %) bezogen auf die baumfreie Straßenschlucht.

Die relativen Konzentrationsänderungen δ^{+}_{c} [%] resultierend aus dem direkten Vergleich von niedriger zu hoher Pflanzdichte (Abb. 6.19) zeigen hingegen qualitative Unterschiede zur Pflanzung mittlerer Kronenporosität (Abb. 6.17). An der leeseitigen Wand A treten nun durchweg geringere Konzentrationsbelastungen auf (-13 % im Mittel) und an Wand B sind überwiegend Konzentrationszunahmen zu verzeichnen (+45 % im Mittel).

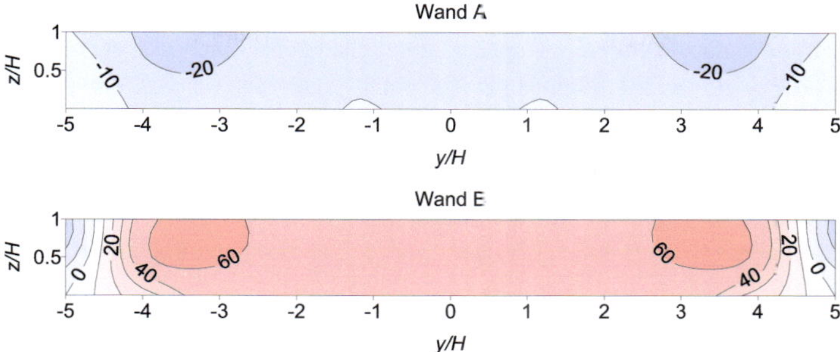

Abb. 6.19: Relative Konzentrationsänderungen δ^+_c [%] (B/H = 1, α = 90°, ρ_b = 0.5, P_{Vol} = 96 %) bezogen auf ρ_b = 1.

Die direkten Vergleiche aus Abb. 6.17 und Abb. 6.19 zeigen einen größeren Einfluss der Pflanzdichte bei geringerer Kronenporosität. Jedoch gehen damit keine nennenswerten Änderungen in den wandnahen Konzentrationen einher. Zwar fallen die maximalen relativen Konzentrationsänderungen bei der Baumpflanzung mit niedriger Kronenporosität (P_{Vol} = 96 %) an der luvseitigen Wand B mit 60 % relativ hoch aus, die hiermit verbundenen absoluten Konzentrationsänderungen sind aber aufgrund der geringen Belastungen nicht signifikant. Diese Ergebnisse legen den Schluss nahe, dass die gegenwärtigen Strömungsfelder sehr ähnlich sind und erst bei noch niedrigeren Pflanzdichten, d.h. größeren Baumabständen, wesentliche Änderungen in den Konzentrationsbelastungen zu erwarten sind.

6.1.1.4 Variation der Verkehrssituation

Die Grundlagen zur Modellierung der verkehrsinduzierten Turbulenz und deren Realisierung in den Windkanaluntersuchungen sind bereits in Kap. 5.4 beschrieben worden. Im Folgenden werden die Auswirkungen eines Gegenverkehrsszenarios mit u_V = 40 km/h bei einer Verkehrsstärke von n_V = 10 Kfz/m (entsprechend n_V = 37 Kfz/km in der Natur) für die beiden 'Extremfälle' der baumfreien Straßenschlucht sowie der Baumpflanzung ohne Kronenporosität (P_{Vol} = 0 %) betrachtet. Mit dem Reibungsbeiwert der Bebauungsstruktur c_f = 0.02, berechnet aus der Beziehung

$$c_f = \frac{\rho u_*^2}{1/2\,\rho u_\delta^2}\,, \tag{6.4}$$

ergibt sich gemäß der Gln. (5.9) - (5.11) eine Turbulenzproduktionszahl von T_P = 0.1. Anschaulich gedeutet, bedeutet dies, dass die Turbulenzproduktionsleistung P_W, hervorgerufen durch die Interaktion zwischen atmosphärischem Wind und Bebauungsstruktur, 10-mal größer ist als jene der Verkehrsbewegung P_V. Die Verkehrsbewegung vor Wand A ist in positive y-Achsenrichtung gerichtet, vor Wand B in negative y-Achsenrichtung (Abb. 5.1).

Referenzfall - Baumfreie Straßenschlucht

Die im Falle der baumfreien Straßenschlucht ohne Verkehrsbewegung (Abb. 6.2) vorgefundene symmetrische Konzentrationsverteilung geht bei der Gegenverkehrsbewegung verloren. Stattdessen weisen die Konzentrationen an Wand A eine zur Mittelebene bei y/H = 0 asymmetrische Verteilung mit Versatz in positive *y*-Achsenrichtung auf (Abb. 6.20). Dieser Versatz ist auf einen advektiven Transport der Schadstoffe durch die Verkehrsbewegung zurückzuführen. Obwohl vor Wand B die Verkehrsbewegung in die entgegengesetzte Richtung erfolgt, ist auch dort ein Konzentrationsversatz zu positiven *y*-Werten deutlich erkennbar. Dieses Phänomen lässt sich mit dem bereits zuvor in Kap. 6.1.1.1 erläuterten Transport der Schadstoffe im Straßenraum durch den Canyon Vortex verstehen, welcher die der leeseitigen Wand A vorgelagerten Konzentrationen zur luvseitigen Wand B führt. Weiterhin sind an beiden Straßenschluchtwänden geringere Spitzenbelastungen festzustellen.

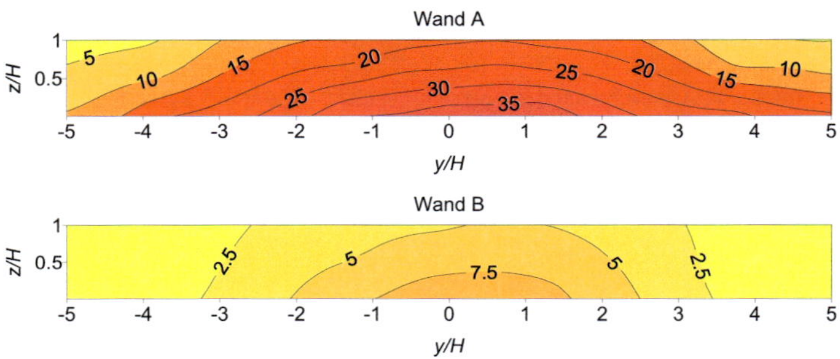

Abb. 6.20: Normierte Konzentrationen c^+ [-] in der baumfreien Straßenschlucht ($B/H = 1$, $\alpha = 90°$) bei Gegenverkehrsbewegung.

Die direkte Gegenüberstellung zur baumfreien Straßenschlucht bei stehender Verkehrssituation ist in Abb. 6.21 dargestellt. Der advektive Transport der Schadstoffe durch die Verkehrsbewegung vor Wand A führt zur Akkumulation und Zunahme der Konzentrationen an den Enden des positiven Straßenschluchtabschnitts ($y/H > 0$). Aufgrund des advektiven Eintrags un- bzw. geringbelasteter Luft infolge der Verkehrsbewegung vor Wand A bei $y/H = -5$ sind im negativen Straßenschluchtabschnitt ($y/H < 0$) an beiden Wänden geringere Konzentrationen zu verzeichnen. Insgesamt ist eine relative Konzentrationsabnahme von 8 % im Mittel an beiden Straßenschluchtwänden festzustellen, die sich aus Abnahmen von 2 % und 31 % an Wand A bzw. Wand B zusammensetzt.

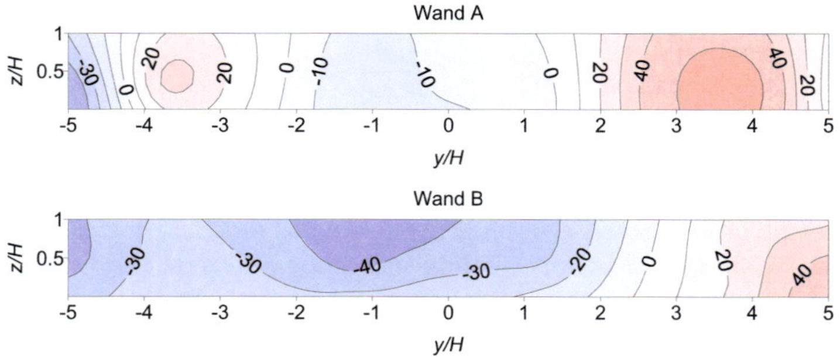

Abb. 6.21: Relative Konzentrationsänderungen δ^+_c [%] in der baumfreien Straßenschlucht ($B/H = 1$, $\alpha = 90°$) bei Gegenverkehrsbewegung bezogen auf die stehende Verkehrssituation.

Baumpflanzung ohne Kronenporosität (P_{Vol} = 0 %, Styroporbaum)

Bei der Straßenschlucht mit Baumpflanzung ohne Kronenporosität ist die Asymmetrie der Konzentrationsverteilung an der Wand A (Abb. 6.22) mit Versatz zum positiven Straßenschluchtabschnitt stärker ausgeprägt als im zuvor behandelten baumfreien Fall (Abb. 6.20). Die Spitzenbelastung fällt deutlich geringer aus als in der Straßenschlucht mit Baumpflanzung bei stehendem Verkehr (Abb. 6.14). Im Gegensatz dazu ist an Wand B eine zur Mittelebene y/H = 0 nahezu symmetrische Verteilung bei gleichzeitig höherer Spitzenbelastung präsent. Die Gegenwart der Baumkrone reduziert das freibewegliche Luftvolumen im Straßenraum und bewirkt eine Kanalisierung der durch die Verkehrsbewegung in Advektion versetzten Luftmassen zwischen Straße, Gebäudewänden und Kronenoberfläche. Dieser Kanalisierungseffekt ist der Grund für die asymmetrischere Schadstoffbelastung an Wand A. Vor Wand B führt dieser Kanalisierungseffekt zu einem verstärkten advektiven Transport der Schadstoffe in die entgegengesetzte Richtung, wodurch die asymmetrische Konzentrationsverteilung abgebaut wird.

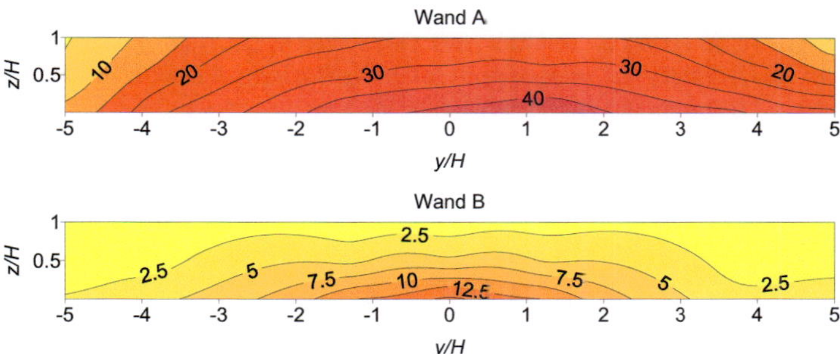

Abb. 6.22: Normierte Konzentrationen c^+ [-] in der Straßenschlucht mit Baumpflanzung ohne Kronenporosität (B/H = 1, α = 90°, ρ_b = 1, P_{Vol} = 0 %) bei Gegenverkehrsbewegung.

Die relativen Konzentrationsänderungen an Wand A (Abb. 6.23) sind deutlicher ausgebildet als bei dem baumfreien Fall (Abb. 6.21). Die relativen Konzentrationsabnahmen im mittleren Straßenschluchtabschnitt und Zunahmen am Wandende weisen höhere Werte auf. Die Konzentrationsanstiege im Fußgängerniveau an Wand B lassen sich mit einem verstärkten bodennahen Queraustausch aufgrund der Verkehrsbewegung erklären. Dieser Queraustausch wirkt den sonst bei Baumpflanzungen gefundenen Konzentrationsabnahmen an der luvseitigen Wand B entgegen und führt sogar zu einer höheren bodennahen Belastung im zentralen Straßenschluchtabschnitt als im baumfreien Vergleichsfall (Abb. 6.20). Im Vergleich zur Straßenschlucht mit Baumpflanzung bei stehendem Verkehr steigen die Konzentrationen an der Wand B im Mittel um 14 % an und fallen an Wand A um 23 % ab. In Summe ergibt sich eine Reduktion der wandnahen Belastungen von 19 %.

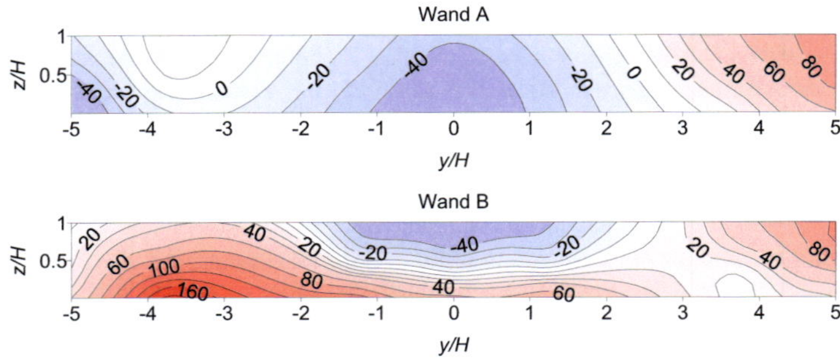

Abb. 6.23: Relative Konzentrationsänderungen δ^+_c [%] bei Baumpflanzung ohne Kronenporosität bei Gegenverkehrsbewegung bezogen auf die stehende Verkehrssituation ($B/H = 1$, $\alpha = 90°$, $\rho_b = 1$, $P_{Vol} = 0$ %).

Beide Beispiele mit Berücksichtigung von Verkehrsbewegung weisen, verglichen zu ihren verkehrsfreien Referenzfällen, im Mittel über beide Wände geringere Konzentrationsbelastungen auf. Die Wirkung der verkehrsinduzierten Turbulenz auf die Schadstoffausbreitung innerhalb des Straßenraums wird durch Baumpflanzungen aufgrund des Kanalisierungseffekts intensiviert. Insbesondere kann eine Homogenisierung der wandnahen Konzentrationsbelastungen und ein Abbau von Spitzenbelastungen festgestellt werden.

Es ist jedoch zu beachten, dass, wie bereits in Kap 5.4 angesprochen, die normierten Konzentrationen c^+ aus Abb. 6.20 und Abb. 6.22 immer im Zusammenhang mit dem Verkehrsszenario gesehen werden müssen und eine Übertragung in reale Konzentrationen c mittels der Umkehrfunktion von Gl. (5.7) als Randbedingung die gleiche Turbulenzproduktionszahl T_P impliziert. Aufgrund dieser starken Einschränkung und der mit 8 % bzw. 19 % durchschnittlichen Konzentrationsabnahmen als moderat zu bewertenden Auswirkungen der verkehrsinduzierten Turbulenz, wird der Berücksichtigung der Verkehrsbewegung nicht weiter nachgegangen. Zusätzliche Untersuchungen zum Einfluss verkehrsinduzierter Turbulenz auf die Strömungs- und Konzentrationsverhältnisse in Straßenschluchten mit Baumpflanzungen lassen sich in Gromke und Ruck (2006) sowie in Gromke und Ruck (2007a,d) finden.

6.1.1.5 Fazit zur Eignung der Baummodelle und Diskriminierung

Die vorangegangenen Untersuchungen zeigten bei Pflanzdichten von $\rho_b = 1$ für die Baummodelle Schaumstoffbaum ($P_{Vol} = 97$ %), Baumpflanzung niedriger Kronenporosität ($P_{Vol} = 96$ %) und Styroporbaum ($P_{Vol} = 0$ %) keine signifikanten Unterschiede in den wandnahen Konzentrationen. Auch hinsichtlich der Geschwindigkeitsfelder waren keine nennenswerten Abweichungen zwischen porösem Schaumstoffbaum und unporösem Styroporbaum vorhanden. In Abb. 6.24 sind zusammenfassend die relativen Konzentrationsänderungen δ^+_c [%] im Wandmittel mit Bezug auf den Referenzfall der baumfreien Straßenschlucht in Abhängigkeit des Porenvolumenanteils P_{Vol} [%] und des Druckverlustkoeffizienten λ [m^{-1}] dargestellt.

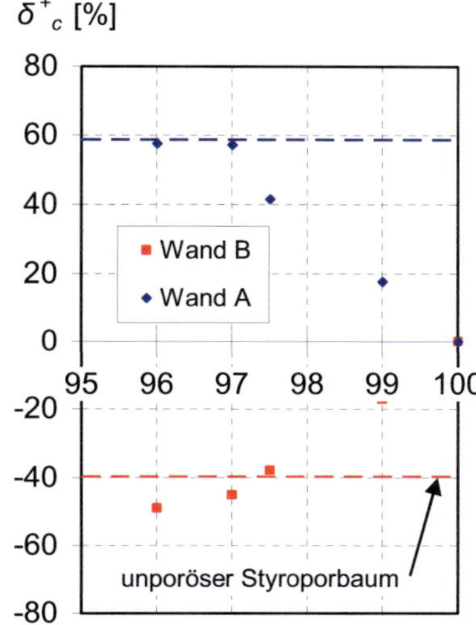
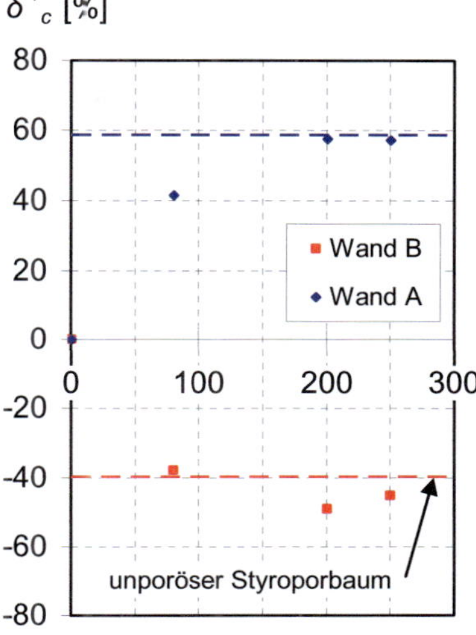

Abb. 6.24: Relative Konzentrationsänderungen δ^{+}_{c} [%] im Wandmittel in Abhängigkeit des Porenvolumenanteils P_{Vol} [%] bzw. des Druckverlustkoeffizienten λ [m^{-1}] (B/H = 1, α = 90°, ρ_b = 1) bezogen auf die baumfreie Straßenschlucht.

Die Ergebnisse lassen den Schluss zu, dass unterhalb einer Volumenporosität von 97 % bzw. oberhalb eines Druckverlustkoeffizienten von $\lambda_{\leq 6}$ > 200 m^{-1} keine entscheidenden Änderungen in den Strömungs- und Konzentrationsfeldern innerhalb der Straßenschlucht zu erwarten sind. Aus diesem Grund kommen in den weiteren Untersuchungen nur noch Baumpflanzungen mit hoher (P_{Vol} = 99 %), mittlerer (P_{Vol} = 97.5 %) und niedriger (P_{Vol} = 96 %) Kronenporosität bei Pflanzdichten von ρ_b = 1 und ρ_b = 0.5 zum Einsatz. Statt des Begriffs Kronenpermeabilität wird nur noch der Begriff Kronenporosität verwendet.

6.1.2 Anströmung parallel zur Straßenlängsachse (α = 0°)

Untersuchungen der Schadstoffausbreitung und Konzentrationsverhältnisse bei paralleler Anströmung wurden bisher nur von Kastner-Klein und Plate (1999) und Kastner-Klein (1999) für die baumfreie Straßenschlucht durchgeführt. Diese Anströmungssituation wird, da der Wind die Straßenschlucht praktisch unbehindert durchströmen kann, als unkritisch bewertet. Dennoch ist es interessant zu sehen, wie die wandnahen Konzentrationsverteilungen durch Baumpflanzungen im Straßenraum beeinflusst werden. Außerdem haben die Untersuchungen von Kastner-Klein (1999) eine Akkumulation von Schadstoffen in Straßenlängsrichtung gezeigt, die im Ergebnis gegenüber der Situation bei senkrechter Anströmung zu vergleichbaren maximalen Konzentrationsbelastungen führt.

In den nachfolgenden Konturbildern der wandnahen Konzentrationen wurden die Symmetrieeigenschaften bezüglich der Straßenlängsachse genutzt. Dargestellt werden jeweils die Mittelwerte der an beiden Wänden gemessenen normierten Konzentrationen c^+ bzw. relativen Konzentrationsänderungen δ^+_c. Der Wind strömt in positive y-Achsenrichtung (Abb. 5.1).

6.1.2.1 Referenzfall - Baumfreie Straßenschlucht

Die Konzentrationsverteilung (Abb. 6.25) lässt deutlich die Akkumulation der Schadstoffe in Durchströmungsrichtung erkennen. Die bodennahen Konzentrationsbelastungen am Ausströmende der Straßenschlucht bei $y/H = 5$ fallen nur wenig geringer aus als die Maximalbelastungen im Referenzfall der baumfreien Straßenschlucht bei senkrechter Anströmung (Abb. 6.4). Die Abstände der Isokonzen werden mit zunehmender Straßenschluchtlänge kleiner, die Konzentrationszunahme ist verstärkt. Bei längeren Straßenschluchten ist folglich mit weiteren Konzentrationszuwächsen und höheren Belastungen als im Falle senkrechter Anströmung zu rechnen.

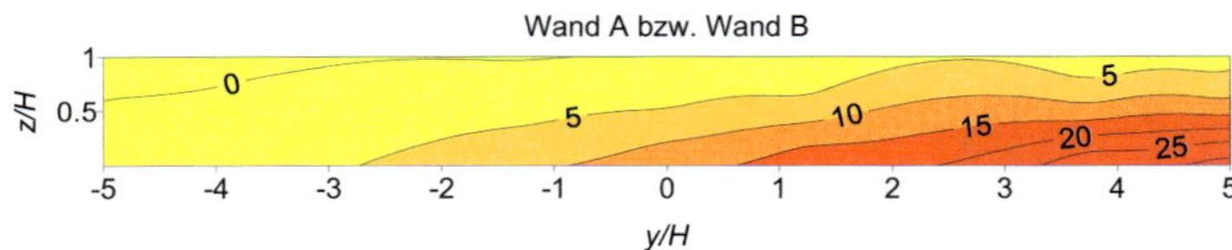

Abb. 6.25: Normierte Konzentrationen c^+ [-] in der baumfreien Straßenschlucht ($B/H = 1$, $\alpha = 0°$) unter Ausnutzung der symmetrischen Randbedingungen.

6.1.2.2 Variation der Kronenporosität

Hohe Kronenporosität ($P_{Vol} = 99$ %)

Die wandnahen normierten Konzentrationen c^+ und relativen Konzentrationsanstiege δ^+_c in der Straßenschlucht mit Baumpflanzung hoher Kronenporosität ($P_{Vol} = 99$ %) bei maximaler Pflanzdichte ($\rho_b = 1$) in Bezug zum baumfreien Fall sind in Abb. 6.26 dargestellt. Im hinteren Teil der Straßenschlucht sind Konzentrationsanstiege von ca. 30 % zu erkennen. Die Konzentrationsänderungen im vorderen Straßenschluchtabschnitt sind aufgrund der niedrigen Belastungen nur sehr gering. Im Mittel sind die Konzentrationen an den Wänden um 23 % angestiegen.

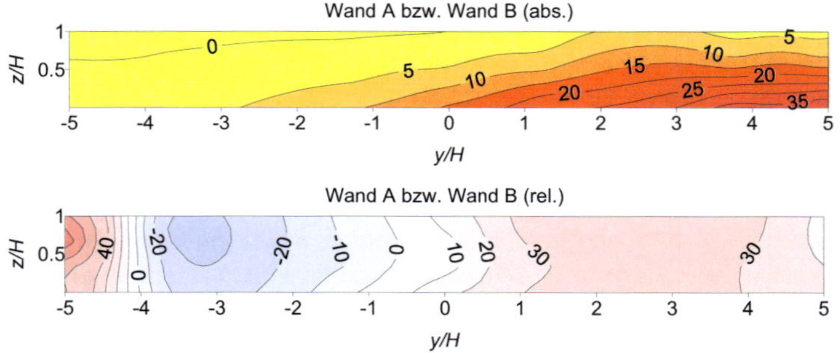

Abb. 6.26: Normierte Konzentrationen c^+ [-] und relative Konzentrationsänderungen δ^+_c [%] ($B/H = 1$, $\alpha = 0°$, $\rho_b = 1$, $P_{Vol} = 99$ %) bezogen auf die baumfreie Straßenschlucht.

Mittlere und niedrige Kronenporosität (P_{Vol} = 97.5 % bzw. P_{Vol} = 96 %)

Die Messungen mit Baumpflanzungen mittlerer und niedriger Kronenporosität bei maximaler Pflanzdichte (ρ_b = 1) ergeben qualitativ ähnliche Konzentrationsverteilungen, mit im Vergleich zum baumfreien Referenzfall Konzentrationsabnahmen im vorderen und Zunahmen im hinteren Straßenschluchtabschnitt. Die maximalen Konzentrationen an den Straßenschluchtenden im bodennahen Bereich sind um ca. 50 % angestiegen. Im Mittel beträgt die Konzentrationszunahme an den Wänden 39 % bzw. 36 %. Die entsprechenden Abbildungen der normierten Konzentrationen und relativen Konzentrationsänderungen sind im Anhang (Abb. A 1 bzw. Abb. A 2) wiedergegeben.

6.1.2.3 Variation der Pflanzdichte

Mittlere und niedrige Kronenporosität (P_{Vol} = 97.5 % bzw. P_{Vol} = 96 %)

Es wurden auch Konzentrationsmessungen mit mittlerer und niedriger Kronenporosität (P_{Vol} = 97.5 % bzw. P_{Vol} = 96 %) bei aufgelockerter Pflanzdichte (ρ_b = 0.5) durchgeführt. Die wandnahen Konzentrationen (Abb. A 3 und Abb. A 4) weisen die bereits zuvor bei maximaler Pflanzdichte (ρ_b = 1) beobachteten charakteristischen Verteilungen auf. Jedoch fallen die maximalen Belastungen an den Straßenschluchtenden sowie die Wandmittelkonzentrationen niedriger aus (Abb. 6.27). Die relativen Konzentrationsänderungen bei aufgelockerter Pflanzdichte in Bezug zur maximalen Pflanzdichte sind im Anhang (Abb. A 5 und Abb. A 6) zu finden. Sie lassen erkennen, dass die durch die Auflockerung bewirkten Konzentrationsreduktionen größtenteils unter 10 % liegen.

6.1.2.4 Zusammenfassung der Ergebnisse bei paralleler Anströmung ($\alpha = 0°$) für $B/H = 1$

Die maximalen Konzentrationsbelastungen bei paralleler Anströmung traten immer am Straßenschluchtende im bodennahen Bereich auf. In Abb. 6.27 sind die Vertikalverteilungen der normierten Konzentrationen c^+ gemessen bei $y/H = 5$ bezogen auf den Referenzfall der baumfreien Straßenschlucht c^+_{ref} (links) sowie die relativen Änderungen in den Wandmittelkonzentrationen (rechts) zusammenfassend dargestellt. Die Konzentrationsänderungen am Straßenschluchtende werden vorrangig durch die Pflanzdichte (ρ_b) beeinflusst, die Kronenporosität (P_{Vol}) ist nur von untergeordneter Bedeutung. Während im bodennahen Bereich starke Zunahmen zu finden sind, kommt es im dachnahen Wandabschnitt zu Konzentrationsabnahmen. Die Anstiege der Wandmittelwerte liegen für die meisten Baumpflanzungen im Bereich zwischen 30 und 40 %.

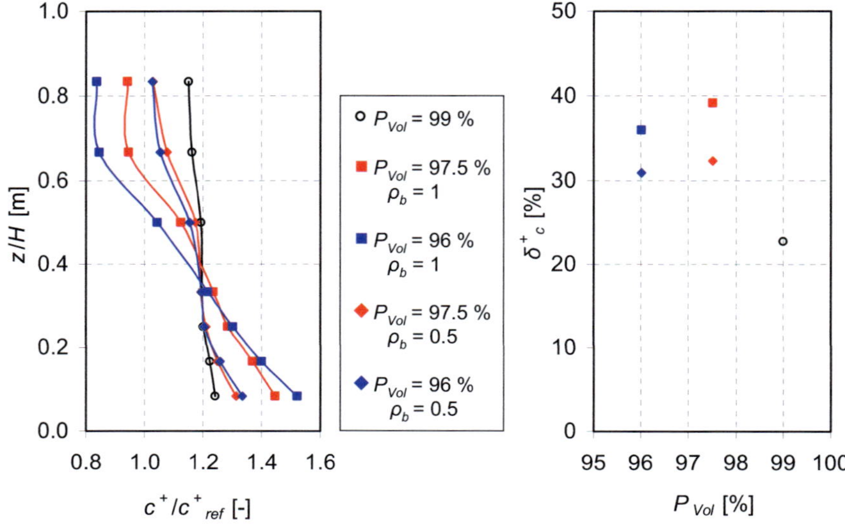

Abb. 6.27: Konzentrationsänderungen c^+/c^+_{ref} am Straßenschluchtende y/H = 5 und relative Konzentrationsänderungen δ^+_c [%] im Wandmittel bezogen auf die baumfreie Straßenschlucht (B/H = 1, α = 0°).

6.1.3 Anströmung schräg zur Straßenlängsachse (α = 45°)

Als Beispiel einer schräg angeströmten Straßenschlucht wurde die Anströmung unter einem Winkel von 45° zur Straßenlängsachse gewählt. Die Wahl dieses Winkels liegt darin begründet, dass hierbei die größten Abweichungen in den Strömungs- und Ausbreitungsfeldern gegenüber der senkrechten und parallelen Anströmung zu erwarten sind. Bei dieser Anströmungsrichtung ist analog zur senkrechten Anströmung das Gebäude A auf der Luvseite gelegen. Wand A wird infolgedessen auch als leeseitige Wand und Wand B als luvseitige Wand bezeichnet. Die Windkomponente der Anströmung parallel zur Straßenlängsachse weist in positive y-Achsenrichtung (Abb. 5.1).

6.1.3.1 Referenzfall - Baumfreie Straßenschlucht

Zu Beginn werden zunächst wieder, wie bei den vorangegangenen Anströmungsrichtungen, die Konzentrationsverhältnisse in der baumfreien Straßenschlucht vorgestellt und erläutert. Abb. 6.28 lässt einerseits den Canyon Vortex Effekt, der im Ergebnis zu einer höheren Konzentrationsbelastung an der leeseitigen Wand A führt, und andererseits die Durchströmung der Straßenschlucht mit einer Akkumulation der Schadstoffe entlang der Straßenachse erkennen. Im Mittel sind die Konzentrationen an der leeseitigen Wand annähernd um den Faktor 5 höher als an der luvseitigen Wand B. Die Spitzenbelastungen sowie die Wandmittelkonzentrationen sind vergleichbar denen der baumfreien Straßenschlucht bei senkrechter Anströmung (Abb. 6.4). Auch hier ist, wie bei den parallel durchströmten Straßenzügen (Kap. 6.1.2), eine Intensivierung der Konzentrationszunahme am Ende der Straßenschlucht feststellbar. Die Schadstoffverteilung an Wand A ist gegenüber den Verteilungen in den baumfreien Straßenschluchten bei senkrechter (Abb. 6.4) und paralleler (Abb. 6.25) Anströmung homogener. Entlang der gesamten Leewand liegt ein moderates Konzentrationsniveau mit höheren minimalen Schadstoffbelastungen vor. Während die Isokonzen an Wand A überwiegend horizontal verlaufen, sind sie an Wand B stark vertikal ausgerichtet. Dies deutet entsprechend auf einen vom Canyon Vortex bzw. von der Paralleldurchströmung dominierten Schadstofftransport hin.

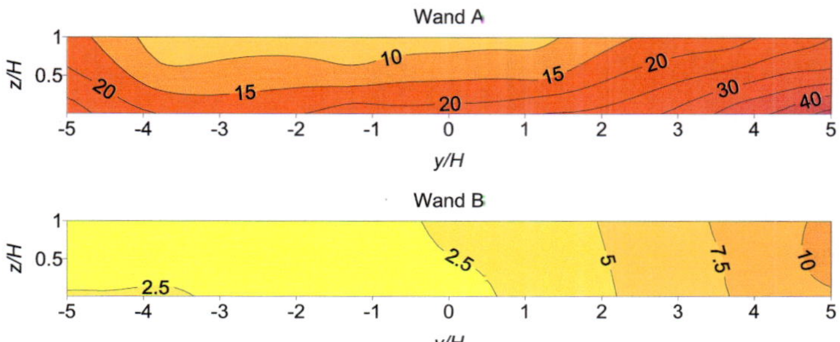

Abb. 6.28: Normierte Konzentrationen c^+ [-] in der baumfreien Straßenschlucht (B/H = 1, α = 45°).

6.1.3.2 Variation der Kronenporosität

Hohe Kronenporosität (P_{Vol} = 99 %)

Bereits bei der Baumpflanzung mit hoher Kronenporosität (Abb. 6.29) sind deutliche Konzentrationsänderungen an beiden Straßenschluchtwänden gegenüber dem baumfreien Referenzfall (Abb. 6.28) zu erkennen. Besonders augenscheinlich sind die Belastungszunahmen an beiden Wänden am Ende der Straßenschlucht sowie im zentralen Bereich von Wand A.

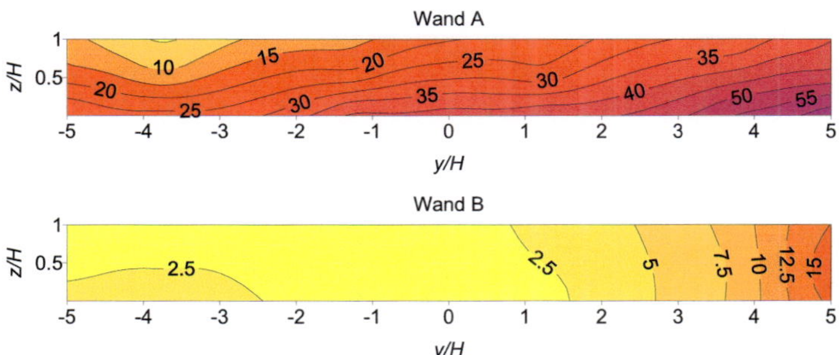

Abb. 6.29: Normierte Konzentrationen c^+ [-] in der Straßenschlucht mit Baumpflanzung hoher Kronenporosität (B/H = 1, α = 45°, ρ_b = 1, P_{Vol} = 99 %).

In Abb. 6.30 sind die relativen Konzentrationsänderungen im Vergleich mit der baumfreien Straßenschlucht dargestellt. Die größten relativen Konzentrationszunahmen treten an der leeseitigen Wand A im oberen Abschnitt des zentralen Straßenschluchtbereichs auf. Im Mittel steigen die Konzentrationen an Wand A um 60 %, an Wand B um 5 % und um 51 % im Gesamten an.

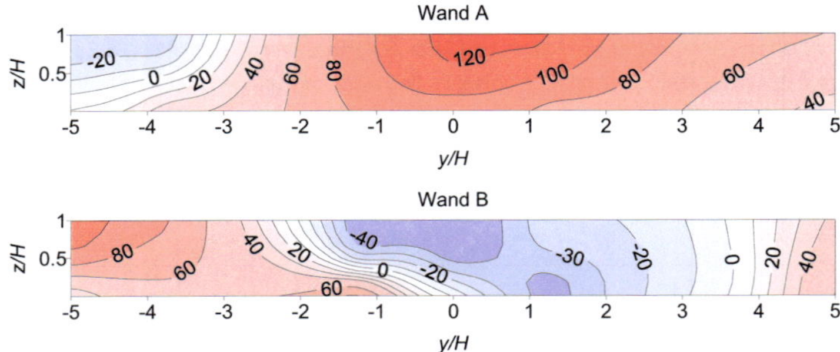

Abb. 6.30: Relative Konzentrationsänderungen δ^+_c [%] (B/H = 1, α = 45°, ρ_b = 1, P_{Vol} = 99 %) in Bezug zur baumfreien Straßenschlucht.

Mittlere Kronenporosität (P_{Vol} = 97.5 %)

Bei der Straßenschlucht mit Baumpflanzung mittlerer Kronenporosität und maximaler Pflanzdichte (ρ_b = 1) sind extrem hohe Schadstoffbelastungen an der leeseitigen Wand A zu verzeichnen (Abb. 6.31). Vor allem im bodennahen Bereich sind ab der Straßenschluchtmitte hohe Konzentrationen auf nahezu unveränderlichem Niveau präsent. An der luvseitigen Wand B sind hingen deutliche Konzentrationsreduktionen am Straßenschluchtende erkennbar. Scheinbar unterbindet die Baumpflanzung den Schadstofftransport von der Lee- zur Luvwand.

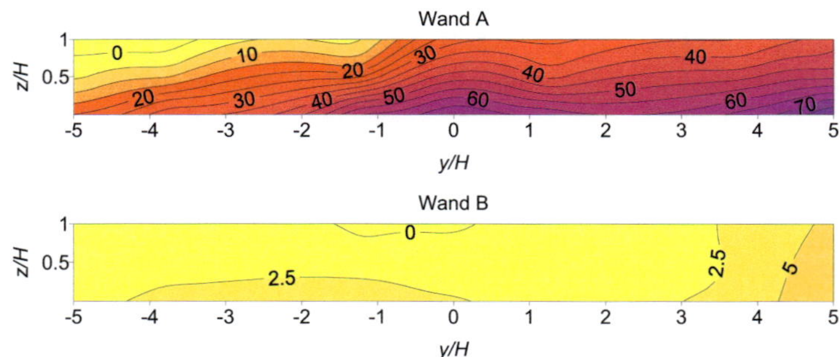

Abb. 6.31: Normierte Konzentrationen c^+ [-] in der Straßenschlucht mit Baumpflanzung mittlerer Kronenporosität (B/H = 1, α = 45°, ρ_b = 1, P_{Vol} = 97.5 %).

Die relativen Konzentrationsänderungen gegenüber dem baumfreien Referenzfall sind im Anhang in Abb. A 7 zu finden. Sie zeigen maximale relative Konzentrationszunahmen im zentralen Straßenschluchtbereich an Wand A (Mittel 91 %) und an Wand B überwiegende Konzentrationsabnahmen (Mittel 49 %).

Niedrige Kronenporosität (P_{Vol} = 96 %)

Die Konzentrationen und Konzentrationsverteilungen an der leeseitigen Straßenschluchtwand bei niedriger Kronenporosität sind denen bei mittlerer Porosität ähnlich. Die Spitzenbelastungen sind etwa gleich hoch und treten ebenfalls wie zuvor im bodennahen Bereich am

Ende der Straßenschlucht auf. An der luvseitigen Wand B sird diesmal jedoch deutlich höhere Konzentrationen im vorderen Straßenschluchtteil gemessen worden.

6.1.3.3 Variation der Pflanzdichte

Mittlere und niedrige Kronenporosität (P_{Vol} = 97.5 % bzw. P_{Vol} = 96 %)

Wird die Pflanzdichte aufgelockert (ρ_b = 0.5), so ergeben sich im Vergleich zur Baumpflanzung mit maximaler Pflanzdichte weniger hohe Schadstoffbelastungen an der leeseitigen Wand A. Die Auflockerung bewirkt somit eine Reduktion der Konzentrationsspitzen im Straßenraum. Im Gegenzug jedoch steigen die Konzentrationen an der luvseitigen Wand B an. In der Gesamtbetrachtung liegen die wandnahen Schadstoffbelastungen bei aufgelockerter Pflanzdichte (ρ_b = 0.5) um etwa 10 % über denen bei maximaler Pflanzdichte (ρ_b = 1), siehe Abb. 6.32. Dennoch, auch wenn die aufgelockerte Pflanzdichte zu höheren wandnahen Durchschnittskonzentrationen führt, ist sie im Hinblick auf die Belastungssituation von Vorteil, da die lokalen Spitzenwerte geringer ausfallen. Die normierten Konzentrationen an den Straßenschluchtwänden bei mittlerer und niedriger Kronenporosität (P_{Vol} = 97.5 % bzw. P_{Vol} = 96 %) sind im Anhang in Abb. A 10 und Abb. A 12 dargestellt, die der relativen Konzentrationsänderungen mit Bezug zum baumfreien Referenzfall entsprechend in Abb. A 11 und Abb. A 13.

6.1.3.4 Zusammenfassung der Ergebnisse bei schräger Anströmung (α = 45°) für *B/H* = 1

Ähnlich wie zuvor bei Parallelanströmung traten auch bei Schräganströmung die maximalen Konzentrationen immer am Straßenschluchtende im bodennahen Bereich auf, diesmal jedoch nur einseitig an der Leewand. Abb. 6.32 zeigt die Vertkalverteilungen der normierten Konzentrationen c^+ an Wand A bei *y/H* = 5 bezogen auf den Referenzfall der baumfreien Straßenschlucht c^+_{ref} (links) und die relativen Konzentrationsänderungen im Durchschnitt über beide Wände (rechts). Es ist ersichtlich, dass die auf den baumfreien Referenzfall bezogenen Konzentrationsänderungen im oberen Bereich am stärksten ausfallen, mit bis zu doppelt so hohen Schadstoffbelastungen im Falle der dichten Baumpflanzung (P_{Vol} = 96 %) bei maximaler Pflanzdichte (ρ_b = 1). Die über beide Wände gemittelten Konzentrationsanstiege liegen für die untersuchten Baumpflanzungen im Bereich zwischen 50 - 70 % und fallen höher aus als bei senkrechter (Abb. 6.24) bzw. paralleler Anströmung (Abb. 6.27).

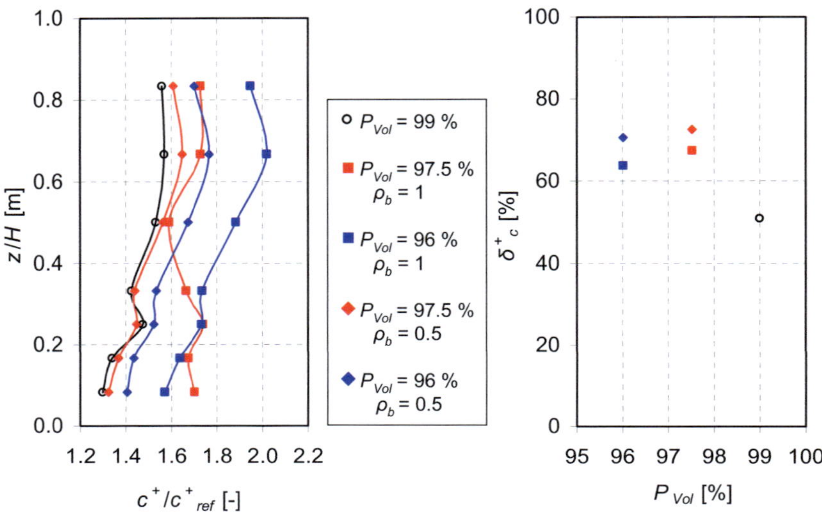

Abb. 6.32: Konzentrationsänderungen c^+/c^+_{ref} am Straßenschluchtende von Wand A bei y/H = 5 und relative Konzentrationsänderungen δ^+_c [%] im Wandmittel (Wand A + B) bezogen auf die baumfreie Straßenschlucht (B/H = 1, α = 45°).

6.2 Straßenbreite- zu Gebäudehöhenverhältnis B/H = 2

Die Untersuchungen mit zwei, jeweils zwischen Straßenrand und Gebäude angeordneten Baumreihen mit nicht geschlossenem Kronendach über den Fahrspuren wurden an einem Straßenschluchtmodell mit Straßenbreite- zu Gebäudehöhenverhältnis von B/H = 2 durchgeführt. Die absolute Lage der Linienquellen ist unverändert, sie befinden sich wie bei B/H = 1 in Abständen von 1.8 cm (x/H = 0.15) bzw. 3.2 cm (x/H = 0.267) beidseitig der zentralen Straßenlängsachse (Abb. 5.1). Alle weiteren erforderlichen Abmaße sind in Abb. 6.33 festgehalten.

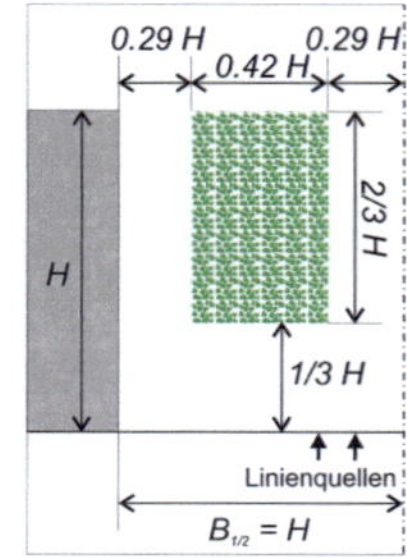

Abb. 6.33: Straßenschlucht (B/H = 2) mit über den Fahrspuren offenem Kronendach (Windkanalmaßstab M = 1:270).

6.2.1 Anströmung senkrecht zur Straßenlängsachse ($\alpha = 90°$)

6.2.1.1 Referenzfall - Baumfreie Straßenschlucht

Die in Abb. 6.34 dargestellten Konzentrationsverteilungen weisen an beiden Wänden Ähnlichkeiten mit denen bei halber Straßenschluchtbreite ($B/H = 1$, Abb. 6.4) gefundenen auf. Dies deutet auf das Vorhandensein analoger, das Strömungs- und Konzentrationsfeld im Straßenraum dominierender Wirbelstrukturen (Canyon Vortex und Corner Eddies) hin. Zwar fallen die Schadstoffbelastungen an der leeseitigen Wand A, insbesondere die Konzentrationsspitzen im zentralen, bodennahen Straßenschluchtbereich, erheblich geringer aus, die Belastungsabnahmen zu den Straßenenden hin sind aber nach wie vor deutlich ausgeprägt. Der Rückgang an Wand A ist mit den größeren Abständen zu den Linienquellen und einer verstärkten Vermischung und Verdünnung der bodennah freigesetzten Spurengase zu erklären. An der Luvwand B sind nur unwesentliche Konzentrationsänderungen im Vergleich zur Konfiguration mit $B/H = 1$ zu erkennen, was darauf hinweist, dass der Luftaustausch zwischen Überdachströmung und Straßenschlucht nicht entscheidend verändert ist. Im Durchschnitt sind die Konzentrationen an Wand A um den Faktor 2.8 höher als an Wand B. Die Isokonzen sind gegenüber der engen Straßenschlucht vertikaler ausgerichtet. Dieser Umstand ist ein Indikator dafür, dass das Strömungsfeld im Straßenraum nun durch die seitlich mit den Corner Eddies eindringenden Luftmassen vergleichsweise stärker geprägt wird.

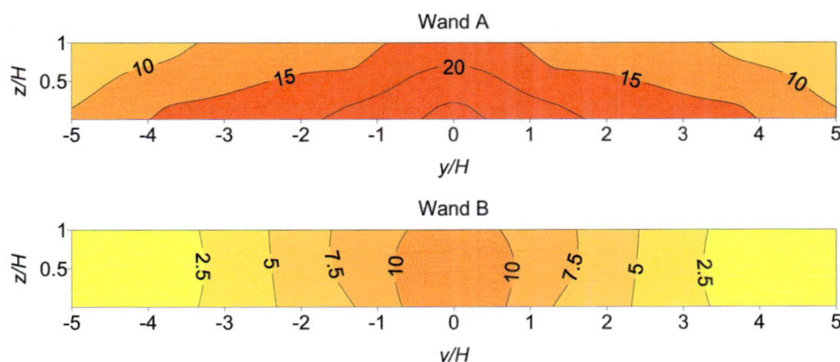

Abb. 6.34: Normierte Konzentrationen c^+ [-] in der baumfreien Straßenschlucht ($B/H = 2$, $\alpha = 90°$) unter Ausnutzung der symmetrischen Randbedingungen.

6.2.1.2 Variation der Kronenporosität

Hohe Kronenporosität ($P_{Vol} = 99\,\%$)

An der Leewand A zeigen sich homogene Konzentrationsanstiege von etwa 30 % im Vergleich zur baumfreien Straßenschlucht. Im Gegensatz dazu treten an der Luvwand B sowohl Konzentrationszu- als auch abnahmen auf, die sich im Mittel kompensieren. Die normierten Konzentrationen und relativen Konzentrationsänderungen in Bezug zur baumfreien Straßenschlucht sind im Anhang in Abb. A 14 wiedergegeben.

Mittlere Kronenporosität ($P_{Vol} = 97.5\,\%$)

Die schon soeben in der Straßenschlucht mit Baumpflanzung hoher Porosität gefundenen Konzentrationsanstiege an der Wand A sind auch bei der Pflanzung mit mittlerer Kronenporosität bei hoher Pflanzdichte vorhanden. Die relativen Konzentrationsanstiege sind aber nicht wie zuvor homogen über die gesamte Wand verteilt, sondern nehmen zur Straßenschluchtmitte hin zu (Abb. 6.35) und betragen im Wandmittel 40 %. Abweichend zum Fall mit hoher Kronenporosität sind an Wand B diesmal überwiegend Belastungsabnahmen zu verzeichnen, die ebenfalls in der Straßenschluchtmitte maximal sind. Die hohen relativen Zunahmen im bodennahen Bereich am Straßenschluchtende beziehen sich nur auf sehr geringe Konzentrationen und fallen in der Gesamtbetrachtung nicht ins Gewicht. Im Wandmittel fällt die Schadstoffbelastung um 25 % ab.

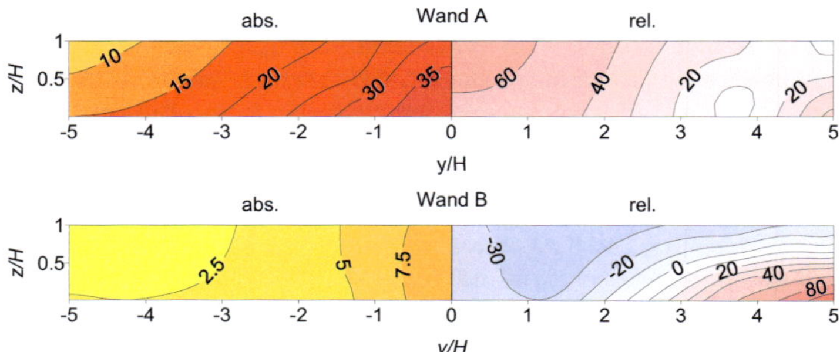

Abb. 6.35: Normierte Konzentrationen c^+ [-] und relative Konzentrationsänderungen δ^+_c [%] ($B/H = 2$, $\alpha = 90°$, $\rho_b = 1$, $P_{Vol} = 97.5$ %) bezogen auf die baumfreie Straßenschlucht.

Niedrige Kronenporosität ($P_{Vol} = 96$ %)

Gegenüber der Konfiguration mit mittlerer Kronenporosität sind keine qualitativen, sondern nur quantitative Konzentrationsänderungen zu Erkennen. Die Belastungsanstiege und Abfälle an den Wänden A und B im zentralen Straßenschluchtbereich sind leicht stärker ausgeprägt und resultieren in wandgemittelten Zu- bzw. Abnahmen von 41 % bzw. 32 % in Bezug auf den baumfreien Referenzfall. Die normierten Konzentrationen und relativen Konzentrationsänderungen in Bezug zur baumfreien Straßenschlucht sind im Anhang in Abb. A 15 zu finden.

6.2.1.3 Variation der Pflanzdichte

Mittlere und niedrige Kronenporosität ($P_{Vol} = 97.5$ % bzw. $P_{Vol} = 96$ %)

Bei aufgelockerten Pflanzdichten konnten für die Baumpflanzungen mit mittlerer und niedriger Kronenporosität keine nennenswerten Veränderungen in den wandnahen Belastungen im direkten Vergleich zur maximalen Pflanzdichte festgestellt werden. Exemplarisch sind die normierten Konzentrationen und relativen Konzentrationsänderungen für die Konfiguration mit niedriger Kronenporosität ($P_{Vol} = 96$ %) in Abb. 6.36 dargestellt. Die entsprechende Darstellung für die Baumpflanzung mit mittlerer Kronenporosität ($P_{Vol} = 97.5$ %) ist im Anhang in Abb. A 16 abgebildet. Weiterhin sind im Anhang die normierten Konzentrationen und relativen Konzentrationsänderungen in Bezug auf den baumfreien Referenzfall für die mittlere und niedrige Kronenporosität zu finden (Abb. A 17 bzw. Abb. A 18).

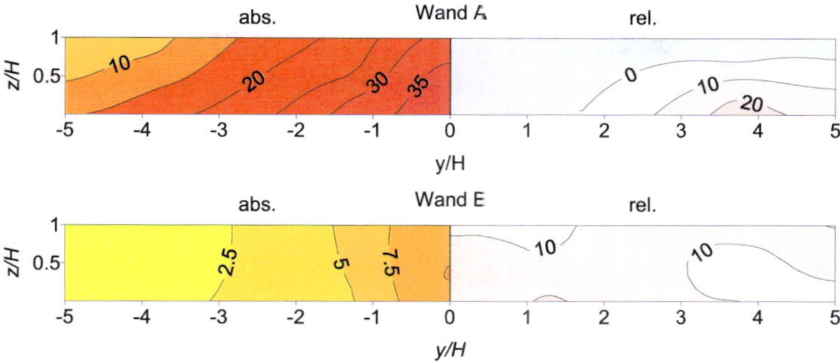

Abb. 6.36: Normierte Konzentrationen c^+ [-] und relative Konzentrationsänderungen δ^+_c [%] (B/H = 2, α = 90°, ρ_b = 0.5, P_{Vol} = 96 %) bezogen auf ρ_b = 1.

6.2.1.4 Zusammenfassung der Ergebnisse bei senkrechter Anströmung (α = 90°) für B/H = 2

Bei den Konfigurationen mit zwei seitlichen Baumreihen (B/H = 2) sind bei senkrechter Anströmung in der Tendenz gleichartige Konzentrationsänderungen wie schon bei den engen Straßenschluchten (6.1.1) mit nur einer zentral angeordneten Baumreihe aufgetreten. Die Baumpflanzungen bewirkten Konzentrationszunahmen an der leeseitigen Wand A und Konzentrationsabnahmen an der luvseitigen Wand B. Im Vergleich zu den engen Straßenschluchten (B/H = 1) sind diese allerdings gemäßigter ausgefallen und belaufen sich im Gesamtwandmittel auf etwa 20 - 25 % (Abb. 6.37, rechts).

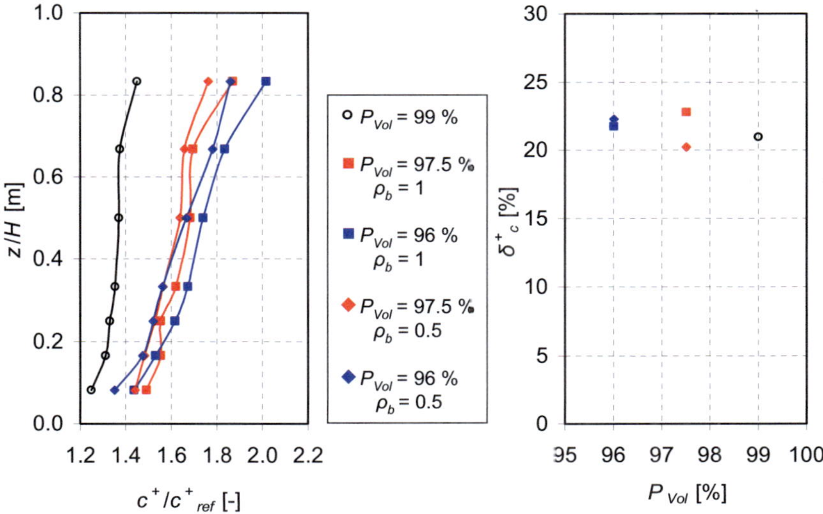

Abb. 6.37: Konzentrationsänderungen c^+/c^+_{ref} in der Straßenschluchtmitte von Wand A bei y/H = 0 und relative Konzentrationsänderungen δ^+_c [%] im Wandmitte (Wand A + B) bezogen auf die baumfreie Straßenschlucht (B/H = 2, α = 90°).

Die maximalen Schadstoffbelastungen treten im zentralen Straßenschluchtbereich an der leeseitigen Wand auf. Hier ist hingegen ein Einfluss der Kronenporosität und Pflanzdichte auf den Konzentrationsanstieg erkennbar (Abb. 6.37, links), niedrigere Kronenporositäten und höhere Pflanzdichten führen zu größeren Schadstoffbelastungen. Die bezogenen Konzentrationsänderungen c^+/c^+_{ref} sind jeweils im oberen Bereich der Straßenschlucht maximal.

6.2.2 Anströmung parallel zur Straßenlängsachse ($\alpha = 0°$)

6.2.2.1 Referenzfall - Baumfreie Straßenschlucht

Bei paralleler Anströmung sind nur sehr geringe Schadstoffkonzentrationen an den Straßenschluchtwänden zu verzeichnen (Abb. 6.38). Im Vergleich zur engen baumfreien Straßenschlucht (Abb. 6.25) fallen die Belastungen äußerst gering aus. Auch wenn wie bereits zuvor eine Akkumulation der Schadstoffe entlang der Straßenachse in Durchströmungsrichtung erkennbar ist, bleiben die maximalen Spitzenbelastungen im bodennahen Bereich um den Faktor 7 - 8 unter jenen bei der engen Straßenschlucht ($B/H = 1$). Die Ursache hierfür liegt in den relativ großen Abständen der Linienquellen zu den Gebäudewänden. Aufgrund der parallelen Durchströmungssituation ist die gebäudeinduzierte Turbulenz verhältnismäßig klein, so dass keine intensive Querverteilung der Konzentrationen stattfindet.

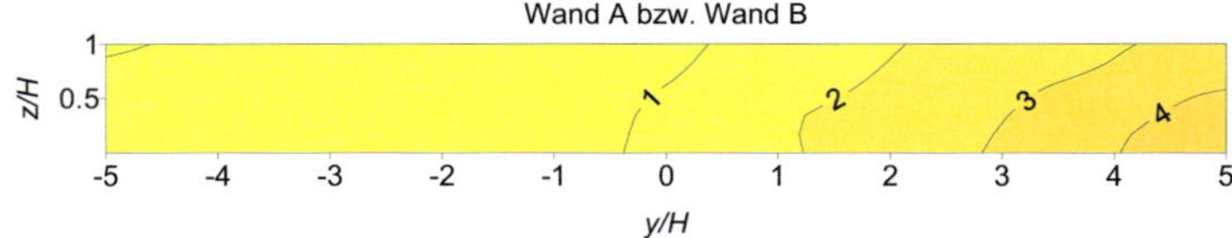

Abb. 6.38: Normierte Konzentrationen c^+ [-] in der baumfreien Straßenschlucht ($B/H = 2$, $\alpha = 0°$) unter Ausnutzung der symmetrischen Randbedingungen.

Da in der baumfreien Straßenschlucht nur sehr geringe wandnahe Konzentrationen vorliegen, die zudem im Vergleich mit anderen Konfigurationen um ein Vielfaches geringer ausfallen, wurden für die vorliegende Anströmungssituation nur noch Baumpflanzungen mit niedriger Kronenporosität ($P_{Vol} = 96\,\%$) untersucht.

6.2.2.2 Variation der Kronenporosität/Permeabilität

Niedrige Kronenporosität ($P_{Vol} = 96\,\%$)

Zwar sind nun deutliche Konzentrationsanstiege zu erkennen (Abb. 6.39), jedoch sind die Spitzenbelastungen vergleichsweise immer noch sehr niedrig.

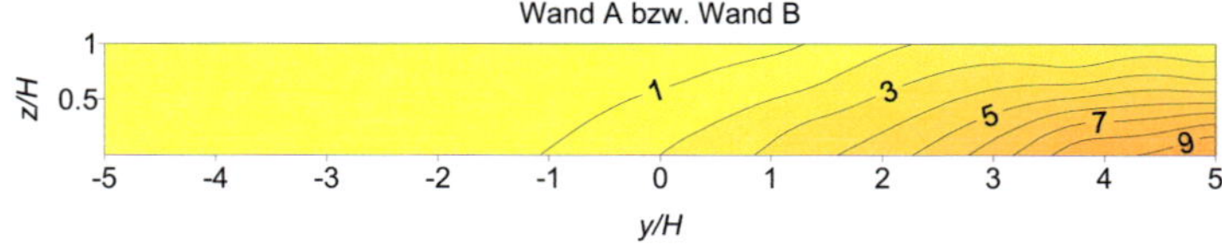

Abb. 6.39: Normierte Konzentrationen c^+ [-] bei Baumpflanzung mit niedriger Kronenporosität ($B/H = 2$, $\alpha = 0°$, $\rho_b = 1$, $P_{Vol} = 96\,\%$).

Die Baumpflanzungen üben keine signifikanten Auswirkungen auf die Schadstoffbelastung im vorderen Straßenschluchtteil aus, sie führen nur zu Anstiegen im hinteren Abschnitt. Im Anhang sind in Abb. A 19 die relativen Konzentrationsänderungen in Bezug zum baumfreien Referenzfall dargestellt.

6.2.2.3 Variation der Pflanzdichte

Niedrige Kronenporosität (P_{Vol} = 96 %)

Die bei den Baumreihen mit aufgelockerter Pflanzdichte (ρ_b = 0.5) vorgefundenen wandnahen Konzentrationsfelder lassen praktisch keine Unterschiede zu denen bei maximaler Pflanzdichte (ρ_b = 1) erkennen. Die absoluten Konzentrationen und relative Konzentrationsänderungen in Bezug zur baumfreien Straßenschlucht sind im Anhang in Abb. A 20 wiedergegeben.

6.2.2.4 Zusammenfassung der Ergebnisse bei paralleler Anströmung (α = 0°) für B/H = 2

Die für die Straßenschlucht/Baumpflanzkonfigurationen mit B/H = 2 bei der vorliegenden Anströmungsrichtung gemessenen wandnahen Konzentrationen liegen um ein Vielfaches unter den sonst Üblichen. Im Hinblick auf kritische Schadstoffbelastungssituationen sind diese Konfigurationen somit uninteressant. Aus diesem Grund entfällt die zusammenfassende graphische Darstellung analog zu den vorherigen Abschnitten.

6.2.3 Anströmung schräg zur Straßenlängsachse (α = 45°)

6.2.3.1 Referenzfall - Baumfreie Straßenschlucht

Die wandnahen Konzentrationen (Abb. 6.40) fallen verhältnismäßig gering aus. Gegenüber der engen baumfreien Straßenschlucht mit B/H = 1 (Abb. 6.23) sind die Schadstoffbelastungen im Wandmittel auf ca. die Hälfte an Wand A und ein Viertel an Wand B abgefallen. Die höheren Belastungen an der Leewand legen das Vorhandensein eines Canyon Vortex Effekts nahe, der die bodennah freigesetzten Schadstoffe zunächst entgegen der Überdachwindrichtung transportiert. Eine Konzentrationsakkumulation entlang der Straßenachse in Durchströmungsrichtung ist diesmal jedoch nicht zu erkennen, an beiden Straßenschluchtwänden stellen sich in y-Achsenrichtung homogene Konzentrationsverteilungen ein.

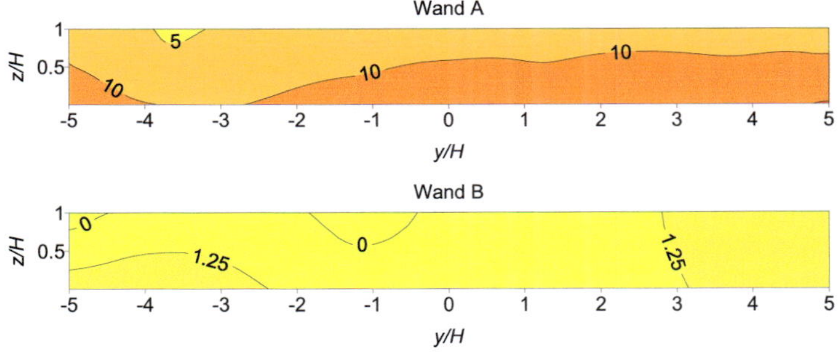

Abb. 6.40: Normierte Konzentrationen c^+ [-] in der baumfreien Straßenschlucht (B/H = 2, α = 45°).

6.2.3.2 Variation der Kronenporosität

Hohe Kronenporosität (P_{Vol} = 99 %)

Die Baumpflanzungen mit hoher Kronenporosität führen bereits zu markanten Konzentrationsanstiegen an den Straßenschluchtwänden. An der leeseitigen Wand zeigt sich eine zunehmende Schadstoffbelastung in Richtung des Straßenschluchtendes mit Spitzenwerten im bodennahen Bereich. Im Vergleich zum baumfreien Referenzfall sind die Konzentrationen im Mittel um 79 % an Wand A und um 101 % an Wand B angestiegen. Die normierten Konzentrationen sind im Anhang in Abb. A 21 wiedergegeben, die relativen Konzentrationsänderungen in Bezug zur baumfreien Straßenschlucht in Abb. A 22.

Mittlere Kronenporosität (P_{Vol} = 97.5 %)

Bei Verminderung der Kronenporosität kommt es zu weiteren Konzentrationszunahmen. Die Durchschnittsbelastungen steigen in Bezug zur baumfreien Straßenschlucht um 142 % und um 202 % an der Lee- bzw. Luvwand an. Trotz allem sind die Belastungen an der leeseitigen Wand A immer noch verhältnismäßig moderat und an der luvseitigen Wand B niedrig (Abb. 6.41). Wie in der unmittelbar vorher untersuchten Konfiguration kann an der stärker belasteten Straßenschluchtwand eine Schadstoffakkumulation in Durchströmungsrichtung festgestellt werden. Die Isokonzen an dieser Wand liegen alle annähernd parallel zueinander und sind schräg geneigt. Daraus kann das Vorliegen eines nahezu homogenen Strömungsfeldes zwischen Baumpflanzung und Leewand abgeleitet werden. Die relativen Konzentrationsänderungen in Bezug zum baumfreien Fall sind im Anhang in Abb. A 23 zu finden.

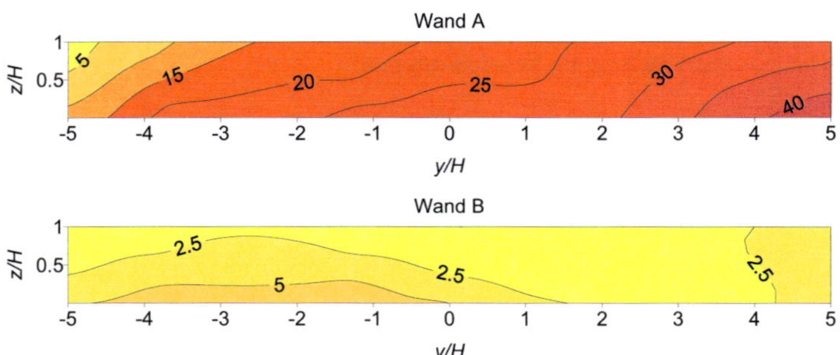

Abb. 6.41: Normierte Konzentrationen c^+ [-] bei Baumpflanzung mit mittlerer Kronenporosität (B/H = 2, α = 45°, ρ_b = 1, P_{Vol} = 97.5 %).

Niedrige Kronenporosität (P_{Vol} = 96 %)

Eine weitere Verminderung der Kronenporosität führt, verglichen mit den Baumpflanzungen mittlerer Porosität, zu durchweg geringeren Schadstoffbelastungen an der leeseitigen Wand A (Abb. 6.42). Die maximalen relativen Konzentrationsabnahmen sind in Durchströmungsrichtung im vorderen Teil der Straßenschlucht zu verzeichnen. Der Anstieg gegenüber dem Referenzfall beträgt hierbei im Wandmittel 88 %. An der luvseitigen Wand B sind hingegen keine wesentlichen Konzentrationsänderungen zu beobachten. Die Beobachtung niedrigerer wandnaher Schadstoffbelastungen bei geringerer Kronenporosität weicht von der in den vorausgegangenen Untersuchungen gefundenen Tendenz ab. Sie ist auf die relative Lage von Linienquellen, Baumpflanzung und Leewand zurückzuführen. Wie aus Abb. 6.33 ersichtlich, sind die Linienquellen zentral im Straßenquerschnitt zwischen beiden Baumreihen angeordnet. Eine Baumpflanzung mit niedrigerer Kronenporosität ist undurchlässiger und behindert den direkten Schadstofftransport zur Leewand, was zu höheren Konzentrationen zwischen den Baumreihen im zentralen Straßenschluchtquerschnitt aber geringeren Konzentrationsbelastungen an Wand A führt. Abb. A 24 im Anhang zeigt die relativen Konzentrationsänderungen in Bezug zur baumfreien Straßenschlucht.

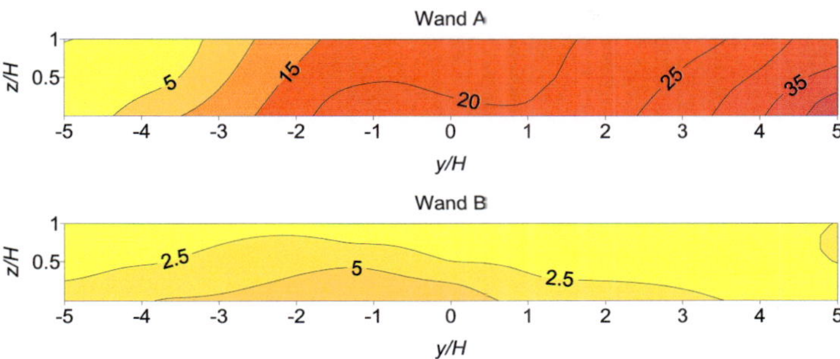

Abb. 6.42: Normierte Konzentrationen c^+ [-] bei Baumpflanzung mit niedriger Kronenporosität ($B/H = 2$, $\alpha = 45°$, $\rho_b = 1$, $P_{Vol} = 96\ \%$).

6.2.3.3 Variation der Pflanzdichte

Mittlere und niedrige Kronenporosität ($P_{Vol} = 97.5\ \%$ bzw. $P_{Vol} = 96\ \%$)

Bei den mittelporösen Baumpflanzungen ($P_{Vol} = 97\,5\ \%$) mit Auflockerung der Pflanzdichte auf $\rho_b = 0.5$ treten gegenüber der maximalen Pflanzdichte ($\rho_b = 1$) kaum Änderungen in den wandnahen Konzentrationen auf. Die entsprechenden Abbildungen der normierten Konzentrationen und relativen Konzentrationsänderungen sind im Anhang in Abb. A 25 und Abb. A 26 wiedergegeben. Der Argumentation des vorherigen Abschnitts folgend, wäre eine Konzentrationszunahme an der Leewand aufgrund des durch die aufgelockerte Pflanzdichte weniger stark behinderten direkten Schadstofftransports aus der Straßenquerschnittsmitte denkbar. Das Ausbleiben der Konzentrationsanstiege an Wand A lässt aber darauf schließen, dass beide Baumpflanzungen unter den gegebenen Randbedingungen etwa gleich durchlässig sind und kein verstärkter direkter Schadstofftransport stattfindet.

Im Falle der niedrigporösen Baumpflanzungen ($P_{Vol} = 96\ \%$) mit aufgelockerter Pflanzdichte kommt es im Vergleich zur maximalen Pflanzdichte zu Konzentrationszunahmen an Wand A. Die Auflockerung ermöglicht einen verstärkten direkten Schadstofftransport aus der Querschnittsmitte zur Leewand. Die entsprechenden Darstellungen sind im Anhang in Abb. A 27 und Abb. A 28 zu finden.

6.2.3.4 Zusammenfassung der Ergebnisse bei schräger Anströmung ($\alpha = 45°$) für $B/H = 2$

Die in den Straßenschluchten mit zweireihigen Baumpflanzungen und Straßenbreite- zu Gebäudehöhenverhältnis $B/H = 2$ unter schräger Anströmung gefundenen relativen Konzentrationsanstiege in den wandnahen Bereichen liegen über denen der anderen Konfigurationen. In der Gesamtbetrachtung stellen sich Zunahmen vom 2 bis 2.5-fachen der Konzentrationsbelastung im baumfreien Referenzfall ein, bei den Spitzenbelastungen an den Straßenschluchtenden kommt es sogar zu Verdrei- bzw. Vierfachungen (Abb. 6.43). Jedoch sind damit keine Extremkonzentrationen verbunden, da die Schadstoffbelastung im baumfreien Referenzfall sehr niedrig ausfällt. Eine Besonderheit bei dieser Konfiguration unter den vorliegenden Randbedingungen ist, dass die maximalen Konzentrationen an der Leewand nicht wie sonst üblich bei niedrigster Kronenporosität bzw. maximaler Pflanzdichte auftreten, sondern bei Baumpflanzungen mit mittlerer Porosität (P_{Vol} = 97.5 %).

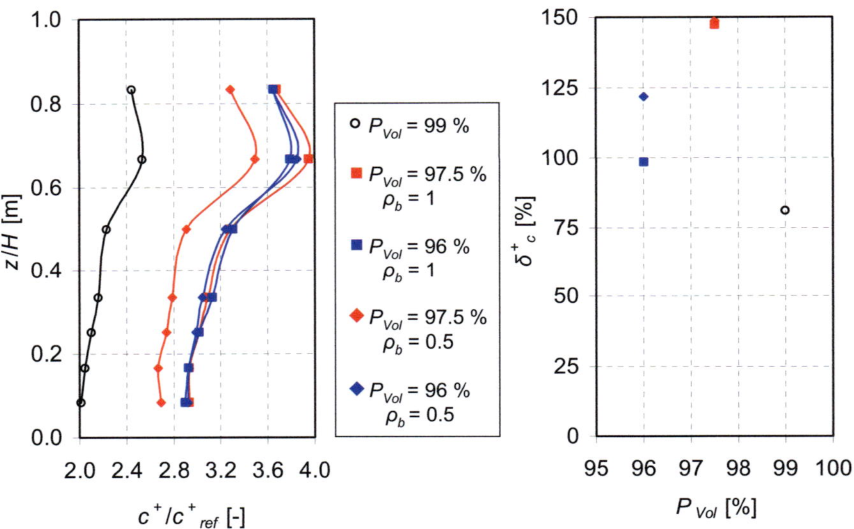

Abb. 6.43: Konzentrationsänderungen c^+/c^+_{ref} am Straßenschluchtende von Wand A bei y/H = 5 und relative Konzentrationsänderungen δ^+_c [%] im Wandmittel (Wand A + B) bezogen auf die baumfreie Straßenschlucht (B/H = 2, α = 45°).

7. Numerische Untersuchungen

Ergänzend zu den experimentellen Untersuchungen wurden für einige Straßenschlucht/Baumpflanzkonfigurationen numerische Berechnungen zu Vergleichs- und Evaluierungszwecken durchgeführt. Ziel der Simulationen war es, zu untersuchen, inwieweit ein in der Praxis üblicher CFD-Code in der Lage ist, Schadstoffausbreitungsvorgänge in Straßenschluchten zuverlässig zu berechnen und seine Tauglichkeit festzustellen. Die Simulationen wurden mit dem kommerziellen CFD-Programmpaket FLOVENT 6.1 (FLOVENT, 2005) ausgeführt und beschränken sich auf Straßenschluchten mit $B/H = 1$ bei senkrechter Anströmung ($\alpha = 90°$) analog zu Kap. 6.1.1. Es wurden sowohl Strömungs- als auch Konzentrationsfelder berechnet.

7.1 Beschreibung des CFD-Programmpakets FLOVENT

Bei FLOVENT handelt es sich um ein kommerzielles CFD-Programmpaket, dass neben dem Berechnungsmodul auch das Pre- und Postprocessing einschließt. Es wird häufig in der Gebäudetechnik bei Fragestellungen zur Innenraumlüftung und Klimatisierung eingesetzt und umfasst die Berechnung von Strömungen, Konzentrationen (skalare nichtreaktive gasförmige Luftbeimengungen) sowie des Energiehaushaltes von inkompressiblen newtonschen Fluiden.

7.1.1 Turbulenzmodellierung

In FLOVENT 6.1 steht ein $LVEL$ k-ε Turbulenzmodell zur Schließung der Reynolds-averaged-Navier-Stokes (RANS) Gleichungen zur Verfügung. Die turbulente Wirbelviskosität (turbulente Impulsdiffusivität) v_t wird in wandnahen Bereichen über eine Gewichtung der turbulenten Viskosität $v_{t,k-\varepsilon}$, basierend auf dem klassischen k-ε Ansatz (Launder und Spalding, 1974; Rodi, 1984), und einer, auf einem algebraischen Ansatz basierenden, turbulenten Viskosität $v_{t,LVEL}$ berechnet. Bei Letzterem wird die turbulente Viskosität aus einer charakteristischen Länge L und einer charakteristischen Geschwindigkeit VEL bestimmt. Die charakteristische Länge L ist hierbei ein Maß für die größten turbulenten Fluktuationen in Wandnähe und wird proportional zum Wandabstand gesetzt. Die charakteristische Geschwindigkeit VEL ist ein Maß für die energiereichsten turbulenten Geschwindigkeitsfluktuationen. Sie wird proportional der mittleren Strömungsgeschwindigkeit angenommen. Standardwandfunktionen für glatte bzw. raue Wände werden zur Berechnung der Strömung in wandangrenzenden Zellen herangezogen.

Zur Berechnung der Ausbreitung nichtreaktiver skalarer Beimengungen wird die Reynolds-averaged Advektions-Diffusionsgleichung (RAAD) gelöst. Die Korrelationen der turbulenten Fluktuationen werden durch Gradientenansätze modelliert. Hierbei wird der turbulente Stoffdiffusionskoeffizient gleich dem turbulenten Impulsdiffusionskoeffizienten v_t angenommen, d.h. mit einer turbulenten Schmidt-Zahl $Sc_t = 1$ gerechnet.

7.1.2 Numerisches Verfahren

In FLOVENT werden die integralen Formen der Erhaltungsgleichungen hervorgegangen aus der Finite-Volumen-Formulierung gelöst. Advektive Terme werden durch Aufwinddifferenzen erster Ordnung, diffusive durch Zentraldifferenzen zweiter Ordnung auf einem strukturierten, versetzten, kartesischen Gitter diskretisiert. Die aus der Diskretisierung der Differenzialgleichungen resultierenden algebraischen Differenzengleichungen werden iterativ gelöst. Die Konvergenzkriterien werden über Residuumsbedingungen definiert. Die Summen über alle Zellen der Differenzen zwischen den ein- und austretenden Flüssen unter Berücksichtigung von Quellen bzw. Senken dürfen gewisse Grenzwerte (Abbruchresiduen) nicht überschreiten. Die Grenzwerte werden dabei individuell für jede Variable festgelegt und leiten sich aus charakteristischen Strömungsgrößen ab. Im vorliegenden Fall werden diese über den Massen- und Impulsfluss der in den Lösungsbereich eintretenden Luftmassen berechnet.

7.2 Numerischer Windkanal und Randbedingungen

Der erste Schritt in der numerischen Modellierung bestand in der Nachbildung der Strömungsverhältnisse im leeren Windkanal, siehe Kap. 4.5.

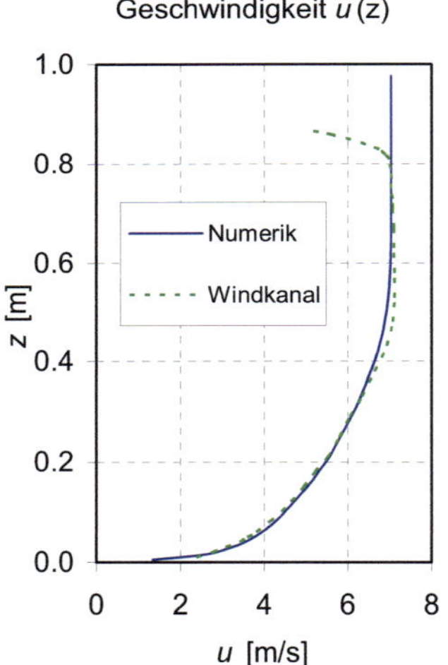

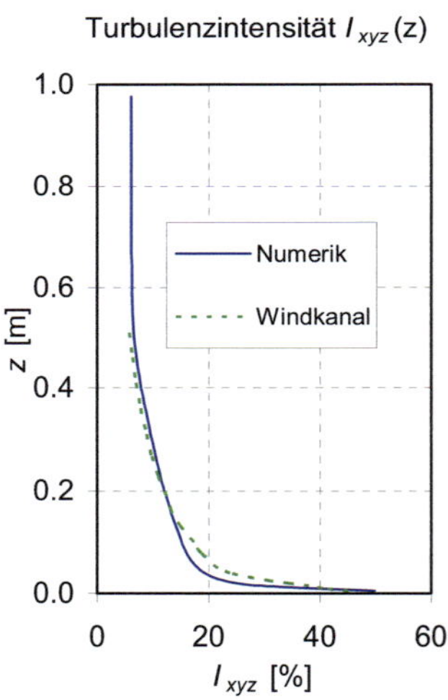

Abb. 7.1: Vergleich zwischen Anströmungsprofilen des numerischen Windkanals und atmosphärischen Grenzschichtwindkanals im Messstreckenzentrum.

Die Messstrecke des atmosphärischen Grenzschichtwindkanals (Abb. 4.1) mit einer Länge von 2 m in Strömungsrichtung, einer Breite von 2 m und einer Höhe von 1 m wurde als numerischer Lösungsbereich definiert. Den strömungsparallelen Seitenwänden sowie der Decke wurden Symmetrierandbedingungen (reibungsfrei und impermeabel) zugewiesen, da diese im Grenzschichtwindkanal von glatter Oberflächenbeschaffenheit sind und nur eine vergleichsweise dünne, wandnahe Grenzschicht aufweisen. Der Ausströmrand wurde als offen mit konstanter Druckrandbedingung definiert. Am Einströmrand wurden Vertikalprofile der Horizontalgeschwindigkeit, der turbulenten kinetischen Energie und der Dissipationsrate derart vorgegeben, dass sich in Verbindung mit der der Bodenplatte zugewiesenen Rauigkeit, eine möglichst ausgebildete Grenzschichtströmung ergab und die Vorgabeprofile des atmosphärischen Grenzschichtwindkanals getroffen wurden. In Abb. 7.1 sind die Vertikalprofile der gemittelten Horizontalgeschwindigkeit $u(z)$ und der Turbulenzintensität $I_{xyz}(z)$ im Zentrum der Messstrecke gegenübergestellt. Vor allem bei den Geschwindigkeitsprofilen ist eine sehr gute Übereinstimmung vorhanden.

7.3 Ergebnisse der numerischen Simulationen

Im Folgenden werden numerische Simulationen einiger in Kap. 6.1.1 behandelten Straßenschlucht/Baumpflanzkonfigurationen mit Straßenbreite- zu Gebäudehöhenverhältnis $B/H = 1$ bei Anströmung senkrecht ($\alpha = 90°$) zur Straßenlängsachse besprochen. Die Ergebnisse der numerischen Simulationen werden denen der experimentellen Untersuchungen gegenübergestellt.

7.3.1 Referenzfall - Baumfreie Straßenschlucht

Zunächst werden die numerischen Simulationsergebnisse der in Kap. 6.1.1.1 experimentell untersuchten baumfreien Straßenschlucht ($B/H = 1$, $\alpha = 90°$) vorgestellt. Für die Simulationen wurde die vorliegende Symmetrie bezüglich der anströmungsparallelen Mittelebene ($y = 0$) ausgenutzt (Abb. 5.1). Den Gebäuden wurden entsprechend den Plexiglasausführungen des Windkanalmodells glatte Oberflächen zugewiesen. Bei der Modellierung der Linienquellen wurde der Austrittsimpuls nachgebildet, um die anfängliche Durchmischung im Straßenraum zu berücksichtigen. Der numerische Lösungsbereich wurde als Ergebnis von Gitterstudien (Gromke et al., 2007; Gromke und Ruck, 2007e,f) durch etwa 1 Millionen Gitterzellen diskretisiert. Dabei wurde das numerische Gitter um die Straßenschluchtanordnung abschnittsweise verfeinert. Im Bereich der Luvkante von Gebäude A wurde zudem eine kontinuierliche Gitterverfeinerung angewendet und im Straßenraum selber wurde die maximale Zellengröße in x- und z-Richtung auf ca. 2 % und in y-Richtung auf 8 % der Gebäudehöhe H beschränkt.

Die wandnahen normierten Konzentrationen c^+ aus diesen numerischen Simulationen sind in Abb. 7.2 zusammen mit den relativen Konzentrationsabweichungen δ^+_c zu den Windkanalmessungen dargestellt.

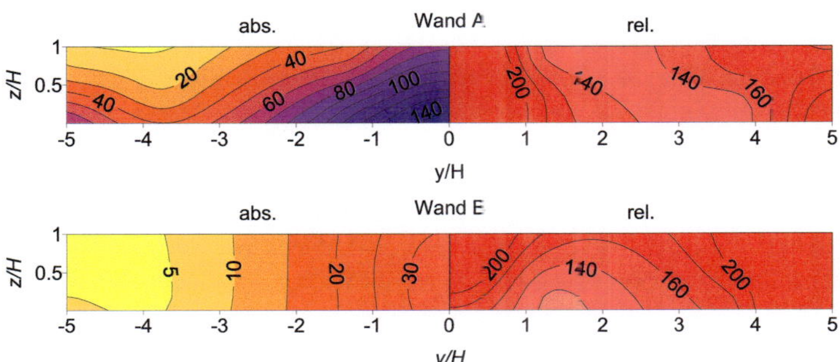

Abb. 7.2: Normierte Konzentrationen c^+ [-] der numerischen Simulation der baumfreien Straßenschlucht ($B/H = 1$, $\alpha = 90°$) und relative Konzentrationsabweichungen δ^+_c [%] bezogen auf die Windkanalmessungen.

Der direkte Vergleich zeigt, dass die numerischen Simulationen wesentlich höhere wandnahe Schadstoffbelastungen liefern, mit lokalen Überschreitungen von mehr als 200 %. Im Durchschnitt werden die Konzentrationen an der leeseitigen Wand A um 187 % zu hoch angegeben und an der luvseitigen Wand B um 168 %.

Vergleicht man die Strömungsfelder der Vertikalgeschwindigkeiten in der anströmungsparallelen x-z-Ebene bei y/H = 0.5 in der Straßenschlucht, so zeigen die numerischen Simulationen (Abb. 7.3, links) im Vergleich zu den Windkanaluntersuchungen (Abb. 7.3, rechts) erheblich geringere Vertikalgeschwindigkeiten.

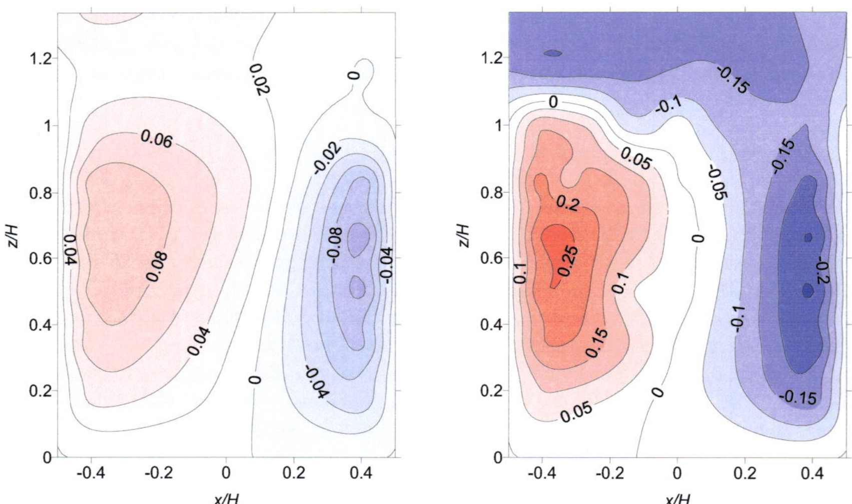

Abb. 7.3: Normierte mittlere Vertikalgeschwindigkeiten w^+ in der x-z-Ebene bei y/H = 0.5 in der baumfreien Straßenschlucht (B/H = 1, α = 90°). Numerische (links) und experimentelle (rechts) Ergebnisse.

Zur Quantifizierung der im Canyon Vortex mitrotierenden Luftmengen werden wie bereits bei den Windkanalergebnissen in Kap. 6 die vertikalen Volumenströme der auf- bzw. abwärts gerichteten Luftbewegungen berechnet. Für die aufsteigenden Luftmengen vor Wand A ergibt sich dabei ein, über die Höhe 0.4 < z/H < 0.8 gemittelter, normierter Volumenstrom von $V_A^+{}_{num}$ = 0.039 auf Grundlage der numerischen Simulationsergebnisse im Gegensatz zu $V_A^+{}_{exp}$ = 0.074 basierend auf den Windkanalmessungen. Bei den abwärtsgerichteten Luftbewegungen vor der luvseitigen Wand B ergeben sich entsprechend $V_B^+{}_{num}$ = 0.020 und $V_B^+{}_{exp}$ = 0.059. Somit sind die aus der numerischen Simulation resultierenden Volumenströme etwa um den Faktor 2 bis 3 geringer als in den Windkanaluntersuchungen. In diesem Umstand liegt auch einer der Gründe für die Abweichungen in den wandnahen Konzentrationen (Abb. 7.2). Das zur Verdünnung der Emissionen zur Verfügung stehende Luftvolumen ist geringer, folglich sind die Schadstoffkonzentrationen höher. Daneben lassen sich noch einige qualitative Unterscheide in den Strömungsfeldern erkennen. Die numerischen Berechnungsergebnisse zeigen im Überdachbereich des Straßenraums überwiegend positive Vertikalgeschwindigkeiten, während in den Windkanalversuchen im gesamten Überdachbereich nahezu ausschließlich negative Geschwindigkeiten gemessen wurden. Die Voraussetzungen für den Eintrag frischer, unbelasteter Luft in den Straßenraum sowie der turbulente Aus-

tausch zwischen Canyon Vortex und schadstofffreier Überdachströmung sind in den Windkanaluntersuchungen günstiger, woraus sich ein weiterer Grund für die Konzentrationsunter-
schiede ableiten lässt. Weiterhin kann daraus auf einen geringeren Impulseintrag aus der
Überdachströmung in den Canyon Vortex geschlossen werden, womit sich die geringeren
Vertikalgeschwindigkeiten im Straßenraum bei der numerischen Simulation erklären lassen.

Als Fazit der Vergleiche von Konzentrations- und Strömungsuntersuchungen kann von
keiner quantitativ zufrieden stellenden Übereinstimmung der numerischen mit den experimentellen Ergebnissen gesprochen werden. Ein bekannter Schwachpunkt des klassischen k-
ε Turbulenzmodells wird unter dem Begriff Staupunktanomalie zusammengefasst. Ein Cha-
rakteristikum dieser Anomalie ist die Überproduktion von turbulenter kinetischer Energie in
Staupunktbereichen. Bei der Überströmung von Hinderniskanten bewirkt diese Überproduktion einen verstärkten Impulsaustausch zwischen wandfernen und wandnahen Strömungs-
gebieten. Der verstärkte Eintrag von Impuls bzw. kinetischer Energie aus wandfernen in
wandnahe Bereiche wirkt einem Ablösen der Strömung an luvseitigen Hinderniskanten entgegen. Ablöseblasen und Rezirkulationsgebiete an strömungsparallelen Wänden werden
beim klassischen k-ε Turbulenzmodell nicht, oder allenfalls in wesentlich zu geringen Ausmaßen wiedergegeben.

Ein Vergleich der Strömungsfelder aus LDA-Messungen am Windkanalmodell und numerischer Simulation zeigt die Symptome der Staupunktanomalie im Luv- und Dachbereich des
windzugewandten Gebäudes A (Abb. 7.4). Hierzu ist anzumerken, dass bei der Windkanal-
ergebnisdarstellung die turbulente kinetische Energie k auf 2D-LDA Messungen der horizontalen und vertikalen Geschwindigkeitskomponenten u bzw. w basiert und über den Ansatz

$$k = \frac{1}{2}\left(u'^2 + 2\,w'^2\right)$$
(7.1)

berechnet wurde. Die numerischen Berechnungen ergeben viel zu hohe Werte für die turbulente kinetische Energie an der luvseitigen Dachkante, die diejenigen der Windkanalmessungen um ein Vielfaches überschreiten. Im Gegensatz zu den experimentellen Ergebnissen
ist weiter stromab im Dachbereich ein rascher Rückgang der turbulenten kinetischen Energie
festzustellen und im mittleren und hinteren Dachbereich sind umgekehrte Verhältnisse anzu-
treffen. Entsprechend fallen in der numerischen Simulation die Abmaße der Ablöseblase viel
zu gering aus. Lediglich im unmittelbaren Vorderkantenbereich ist eine kleine Rezirkulations-
zone vorhanden. Dem gegenüber steht eine beobachtete Ablöseblase am Windkanalmodell
die sich fast über den gesamten Dachbereich erstreckt. Darüber hinaus wird im numerischen
Modell der bodennahe Frontwirbel mit zu geringen Abmaßen wiedergegeben.

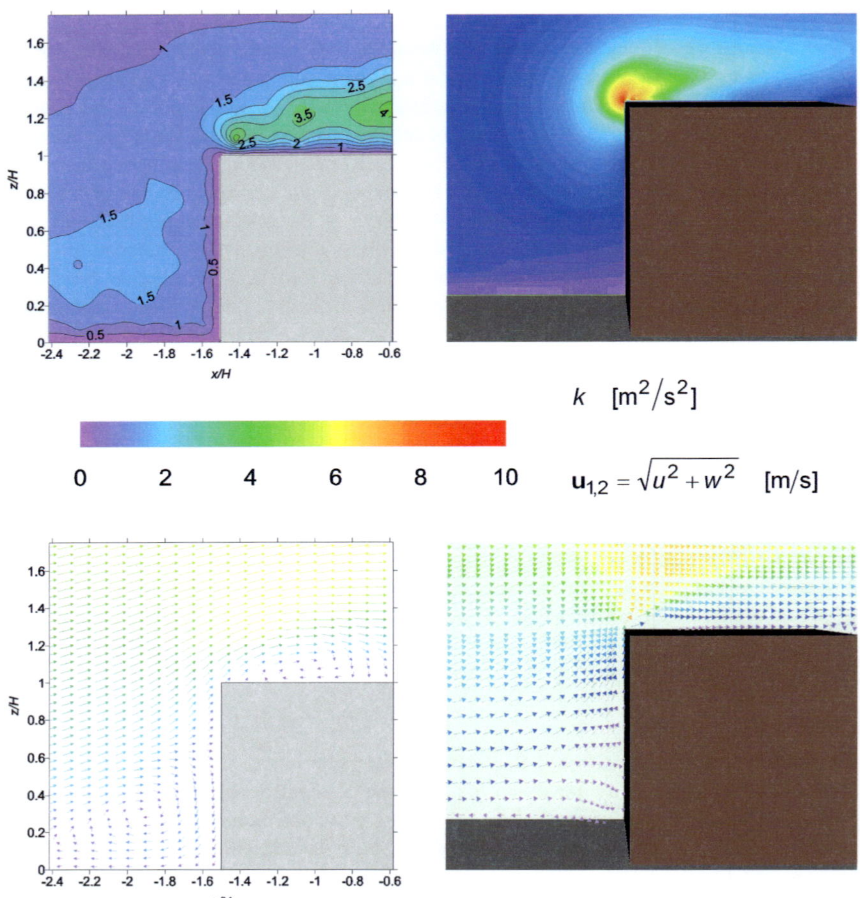

Abb. 7.4: Turbulente kinetische Energie k (oben) und 2D-Geschwindigkeitsvektoren $\mathbf{u}_{1,2}$ (unten) im Luv- und Dachbereich von Gebäude A (x-z-Ebene, $y/H = 0.5$), $B/H = 1$, $\alpha = 90°$). Experimentelle (links) und numerische (rechts) Ergebnisse.

Um die fehlerhafte Simulation der turbulenten kinetischen Energie und die daraus resultierenden Auswirkungen auf das mittlere Strömungsfeld zu korrigieren, wurden dem numerischen Modell die experimentell ermittelte turbulente kinetische Energie k im Dachbereich aufgeprägt. In Abb. 7.5 ist die Verteilung bzw. Aufprägung der turbulenten kinetischen Energie und das sich ergebende Vektorfeld der Geschwindigkeiten dargestellt. Die Ausbildung einer Ablöseblase mit Abmaßen vergleichbar denen aus der Windkanalmessung (Abb. 7.4) ist deutlich zu erkennen. Entlang des gesamten Daches stellt sich ein Rezirkulationsgebiet ein. Der manuelle Eingriff durch Aufprägen von turbulenter kinetischer Energie k zeigt sich somit als eine geeignete Maßnahme, um die fehlerhaften Auswirkungen der Staupunktanomalie zu verringen.

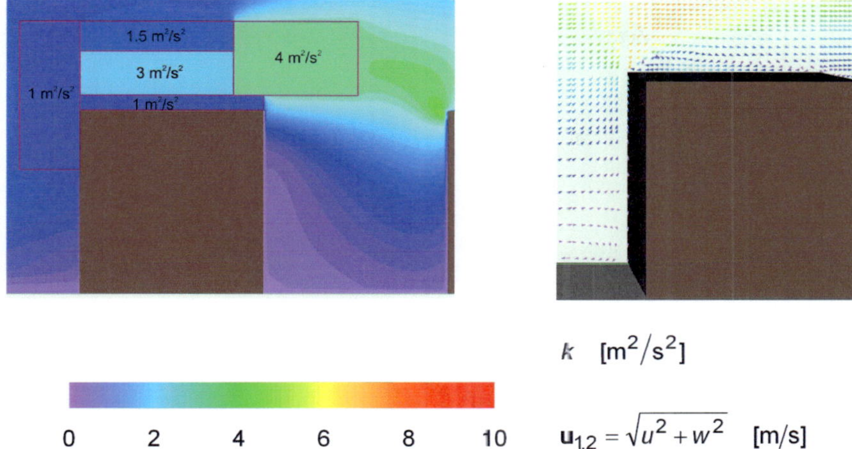

Abb. 7.5: Turbulente kinetische Energie k und 2D-Geschwindigkeitsvektoren $\mathbf{u}_{1,2}$ im Luv- und Dachbereich von Gebäude A (x-z-Ebene, y/H = 0.5), (B/H = 1, α = 90°) bei numerischer Simulation mit korrigierter turbulenter kinetischer Energie k.

Im Überdachbereich der Straßenschlucht wurde ebenfalls eine Zone definierter turbulenter kinetischer Energie k vorgegeben, deren Abmaße sowie Wert auf Literaturangaben (Franke, 2006) und einer Extrapolation der Windkanalergebnisse beruhen (Abb. 7.4). Zwar ist diese Zone nicht mehr ausschlaggebend für die Strömungsablösung und die Ausbildung eines Rezirkulationsgebietes an der luvseitigen Dachkante, sie ist aber entscheidend für den turbulenten Impulseintrag aus der Überdachströmung in den Canyon Vortex, welcher in der vorausgegangenen numerischen Simulation als zu klein eingeschätzt und als Ursache für die zu geringen Vertikalgeschwindigkeiten im Straßenraum angesehen wurde (Abb. 7.3).

Abb. 7.6 zeigt die derart numerisch berechneten Vertikalgeschwindigkeiten im Straßenraum. Im Vergleich zu den Simulationen ohne korrigierte turbulente kinetische Energie k sind etwa doppelt so hohe Geschwindigkeiten vorhanden, jedoch sind sie immer noch kleiner als die im Windkanal gemessenen (Abb. 7.3). Die normierten Volumenströme der auf- und abwärtsgerichteten Luftbewegungen im Canyon Vortex steigen, bezogen auf die vorausgegangenen numerischen Berechnungen, um 21 % und um 90 % auf $V_A^+{}_{num,k}$ = 0.047 bzw. $V_B^+{}_{num,k}$ = 0.038 an, liegen aber noch unter denen der Windkanaluntersuchung ($V_A^+{}_{exp}$ = 0.074, $V_B^+{}_{exp}$ = 0.059). Ein qualitativer Unterschied zwischen den numerischen Berechnungsergebnissen ist im Überdachbereich zu erkennen. Die Simulation mit korrigierter k gibt die Vertikalgeschwindigkeiten vorzeichenrichtig wieder, womit auch ein verstärkter Impulseintrag aus der Überdachströmung in den Canyon Vortex gewährleistet wird und sich die bessere Übereinstimmung zu den Windkanalergebnissen begründen lässt.

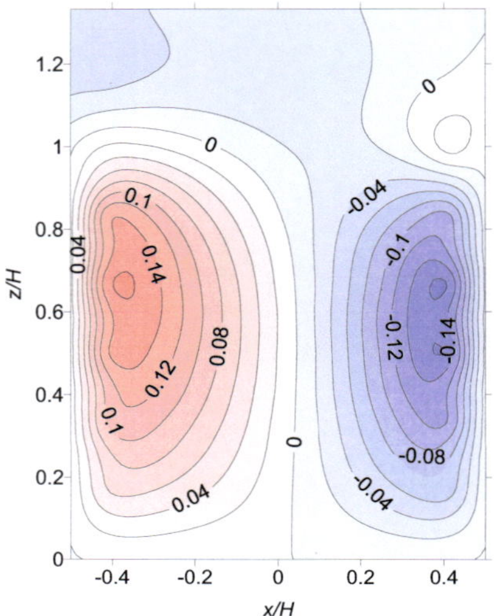

Abb. 7.6: Normierte mittlere Vertikalgeschwindigkeiten w^+ in der x-z-Ebene bei y/H = 0.5 in der baumfreien Straßenschlucht (B/H = 1, α = 90°) bei numerischer Simulation mit korrigierter turbulenter kinetischer Energie k.

Bei den wandnahen Konzentrationen zeigt sich eine deutlich bessere Übereinstimmung mit den experimentell ermittelten Konzentrationsbelastungen (Abb. 7.7). Die numerisch berechneten Konzentrationen fallen zwar immer noch zu hoch aus und liegen im Durchschnitt an der leeseitigen Wand A um 60 % und an der luvseitigen Wand B um 32 % über den Windkanalergebnissen, die in der vorausgegangenen Simulation ohne korrigierte k-Werte gefundenen großen Abweichungen (Abb. 7.2) sind aber nicht mehr vorhanden. In Bereichen maximaler Schadstoffbelastungen treten die geringsten Abweichungen auf. Auch wird die Form der Konzentrationsverteilung deutlich besser wiedergegeben (vgl. Abb. 6.4).

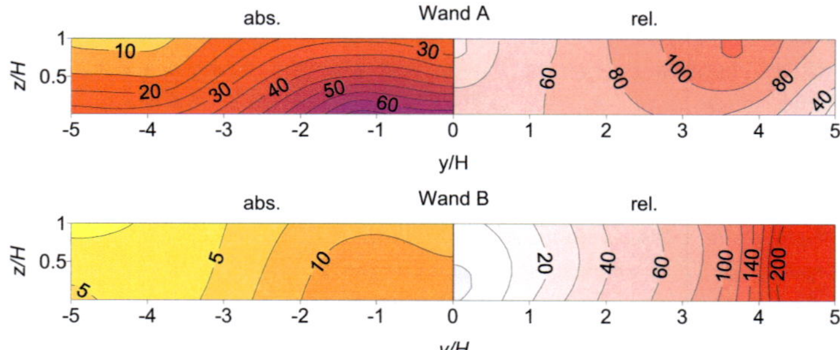

Abb. 7.7: Normierte Konzentrationen c^+ [-] der numerischen Simulation der baumfreien Straßenschlucht (B/H = 1, α = 90°) mit korrigierter turbulenter kinetischer Energie k und relative Konzentrationsabweichungen δ^+_c [%] bezogen auf die Windkanalmessungen.

Die Korrektur der turbulenten kinetischen Energie k stellt somit eine geeignete Maßnahme zur Verringerung der aus der Staupunktanomalie herrührenden fehlerhaften Berechnungen von Konzentrations- und Strömungsverhältnissen im Straßenraum dar.

7.3.2 Straßenschlucht mit Baumpflanzung mittlerer Kronenporosität

Die experimentellen Ergebnisse dieser Straßenschlucht/Baumpflanzkonfiguration ($B/H = 1$, $\alpha = 90°$, $\rho_b = 1$, $P_{Vol} = 97.5\,\%$) wurden bereits in Kap. 6.1.1.2 vorgestellt. Auch diese numerischen Simulationen wurden mit den Zonen definierter turbulenter kinetischer Energie k gemäß Abb. 7.5 durchgeführt.

In den numerischen Berechnungen wurde die Porosität der Baumkronen durch einen permeablen Widerstandskörper, charakterisiert durch einen Druckverlustkoeffizienten, modelliert. Dieser wurde entsprechend den Voruntersuchungen mit Zwangsdurchströmung (Kap. 5.2.2) für ein Porenvolumen von $P_{Vol} = 97.5\,\%$ zu $\lambda_{97.5} = 80$ Pa (Pa m^{-1}) gesetzt. In FLOVENT geht der Druckverlustkoeffizient in den Impulsgleichungen zu Berechnung eines erhöhten Druckgradienten ein. Eine Berücksichtigung in den Transportgleichungen der turbulenten kinetischen Energie k und der Dissipationsrate ε findet nicht satt.

Abb. 7.8 zeigt die berechneten wandnahen Konzentrationen c^+ und ihre relativen Abweichungen zu den Windkanalergebnissen. Wie zuvor bei der baumfreien Straßenschlucht weisen die numerischen Simulationen höhere Schadstoffbelastungen auf. Die Konzentrationen an den leeseitigen Wand A werden im Mittel um 23 % überschätzt, an Wand B um 145 %.

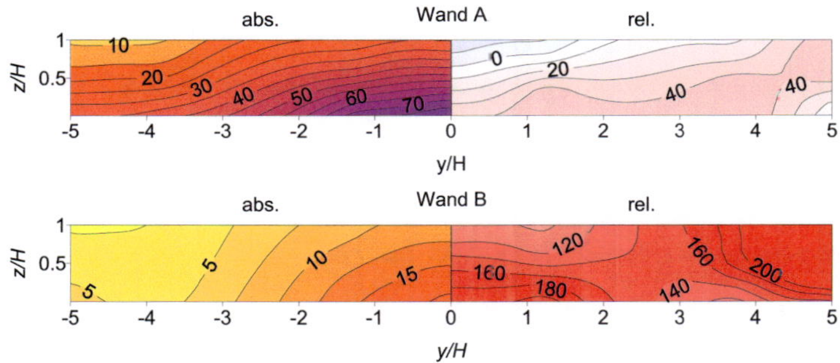

Abb. 7.8: Normierte Konzentrationen c^+ [-] der numerischen Simuation Straßenschlucht mit Baumpflanzung mittlerer Kronenporosität ($B/H = 1$, $\alpha = 90°$, $\rho_b = 1$, $P_{Vol} = 97.5\,\%$) mit korrigierter turbulenter kinetischer Energie k und relative Konzentrationsabweichungen δ^+_c [%] bezogen auf die Windkanalmessungen.

Die numerischen Berechnungen des Strömungsfeldes (siehe Anhang Abb. A 29) ergeben kleinere Vertikalgeschwindigkeiten im Straßenraum als im numerischen Referenzfall der baumfreien Straßenschlucht (Abb. 7.6). Die Volumenströme der auf- und abwärtsgerichteten Luftbewegungen im Straßenraum bei $y/H = 0.5$ sind mit der Baumpflanzung vor Wand A um 26 % und vor Wand B um 45 % geringer.

7.3.3 Straßenschlucht mit Baumpflanzung niedriger Kronenporosität

Die Baumpflanzung niedriger Kronenporosität ($P_{Vol} = 96\,\%$) wurde in den numerischen Untersuchungen durch einen permeablen Widerstandskörper mit Druckverlustkoeffizient

λ_{96} = 200 Pa (Pa m^{-1}) abgebildet. Abb. 7.9 zeigt die berechneten Konzentrationen neben den relativen Abweichungen zum Windkanalexperiment. An der leeseitigen Wand A sind mit im Mittel 20 % nur moderate Abweichungen festzustellen. Die maximalen Unterschiede treten ähnlich wie zuvor im Fall der Baumpflanzung mit mittlerer Kronenporosität (Abb. 7.8) im bodennahen Bereich auf. Demgegenüber sind hohe Konzentrationsabeichungen an Wand B vorhanden (260 % im Mittel). Auch hier treten die maximalen Unterschiede in der unteren Fassadenhälfte auf.

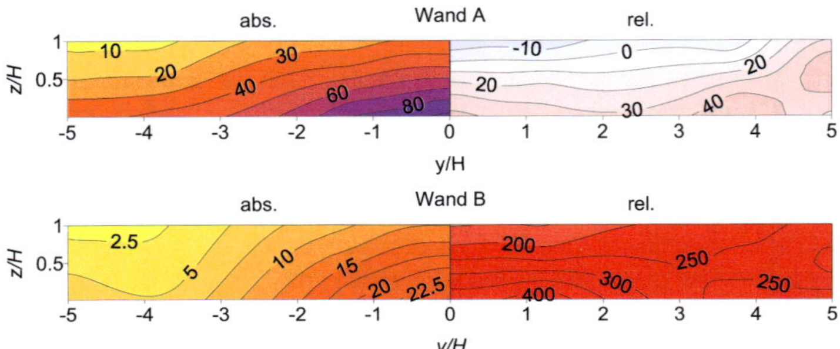

Abb. 7.9: Normierte Konzentrationen c^+ [-] der numerischen Simulation Straßenschlucht mit Baumpflanzung niedriger Kronenporosität (B/H = 1, α = 90°, ρ_b = 1, P_{Vol} = 96 %) mit korrigierter turbulenter kinetischer Energie k und relative Konzentrationsabweichungen δ^+_c [%] bezogen auf die Windkanalmessungen.

Im Anhang Abb. A 30 sind die normierten Vertikalgeschwindigkeiten w^+ in der Straßenschlucht mit Baumpflanzung (P_{Vol} = 96 %) wiedergegeben. Im Vergleich zu der numerischen Simulation mit Baumpflanzung mittlerer Kronenporosität treten leicht geringere Windgeschwindigkeiten im Straßenraum auf. Der Unterschied in den Volumenströmen zwischen beiden Kronenporositäten beträgt 23 % und 38 % vor Wand A bzw. Wand B. Auch die Durchströmung des Kronenraums fällt sichtlich geringer aus.

7.3.4 Straßenschlucht mit Baumpflanzung ohne Kronenporosität

In diesem Fall wurde die Baumpflanzung durch einen impermeablen Widerstandskörper mit glatter Oberfläche abgebildet. Die numerischen Berechnungen ergaben diesmal auch für die leeseitige Wand A deutliche höhere Schadstoffbelastungen im Vergleich zu den Windkanaluntersuchungen (im Mittel 113 %). An Wand B werden abermals die Konzentrationen mit im Mittel 100 % überschätzt, jedoch treten diesmal im Gegensatz zu den Baumpflanzungen mittlerer und niedriger Kronenporosität auch Bereiche mit numerisch unterschätzter Schadstoffbelastung auf.

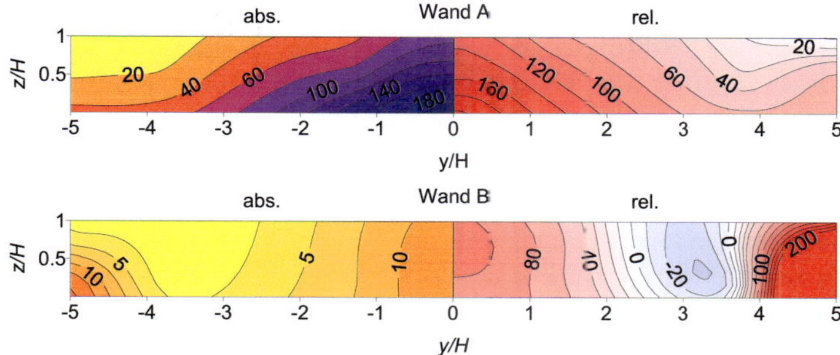

Abb. 7.10: Normierte Konzentrationen c^+ [-] der numerischen Simulation Straßenschlucht mit Baumpflanzung ohne Kronenporosität (B/H = 1, α = 90°, ρ_b = 1, P_{Vol} = 0 %) mit korrigierter turbulenter kinetischer Energie k und relative Konzentrationsabweichungen δ^+_c [%] bezogen auf die Windkanalmessungen.

Da für diese Konfiguration auch LDA-Messergebnisse des Strömungsfeldes im Straßenraum vorliegen, sind in Abb. 7.11 die numerischen Geschwindigkeitsdaten den experimentellen gegenübergestellt.

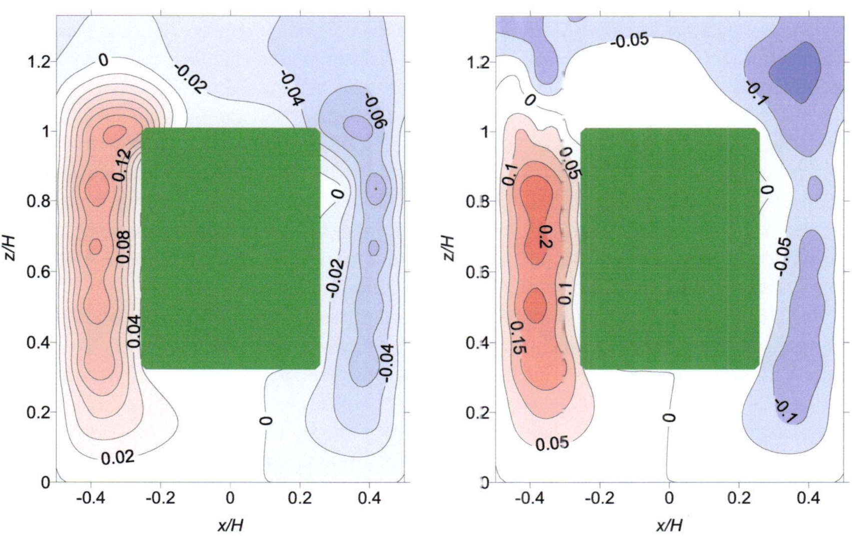

Abb. 7.11: Normierte mittlere Vertikalgeschwindigkeiten w^+ in der x-z-Ebene bei y/H = 0.5 in der Straßenschlucht mit Baumpflanzung ohne Porosität (B/H = 1, α = 90°, ρ_b = 1, P_{Vol} = 0 %) bei numerischer Simulation mit korrigierter turbulenter kinetischer Energie k. Numerische (links) und experimentelle (rechts) Ergebnisse.

Der Vergleich zeigt, dass in der numerischen Simulation die Vertikalgeschwindigkeitskomponente qualitativ richtig wiedergegeben wird. Die Verteilungen positiver und negativer Geschwindigkeiten stimmen zufriedenstellend überein. Jedoch sind wie zuvor geringere Windgeschwindigkeiten im Straßenraum berechnet worden. Die maximalen Windgeschwindigkeiten fallen nur etwa halb so groß aus wie im Windkanal. Die Volumenströme der auf- und abwärtsgerichteten Luftbewegungen im Canyon Vortex unterscheiden sich bezogen auf die Messdaten um 38 und 60 % vor Wand A bzw. Wand B.

7.4 Diskussion der numerischen Ergebnisse

Die numerischen Simulationen mit Korrektur der turbulenten kinetischen Energie k im Dach- bzw. Überdachbereich (Abb. 7.5) resultierten im Vergleich zu den experimentellen Untersuchungen für sämtliche Konfigurationen in geringeren Strömungsgeschwindigkeiten im Straßenraum und in höheren Konzentrationen an den Gebäudewänden. Mögliche Ursachen für die im Strömungsfeld gefundenen Abweichungen sind ein verminderter turbulenter Impulseintrag aus dem Überdachbereich in den Straßenraum und/oder ein zu starkes Abbremsen des Canyon Vortex's aufgrund unzureichender Turbulenzmodellierung in Wandnähe. Bedingt durch die Abweichungen im Strömungsfeld lassen sich auch die fehlerhaften Konzentrationsberechnungen erklären. Mit den geringeren im Straßenraum rotierenden Volumenströmen ist bei gleicher Quellstärke inhärent eine höhere Konzentration verbunden.

Ein weiterer Grund für die höheren Schadstoffbelastungen ist in den Austauschvorgängen im Überdachbereich des Straßenraums zu finden. Dies lässt sich am Beispiel der Straßenschlucht mit Baumpflanzung ohne Kronenporosität (Abb. 7.10) veranschaulichen. Im zentralen Straßenschluchtbereich treten an der leeseitigen Wand A relative Abweichungen von 120 - 180 % auf, d.h. die numerisch berechneten Konzentrationen liegen um den Faktor 2.2 - 2.8 über den experimentell festgestellten. Gleichzeitig beträgt die relative Abweichung im vor Wand A aufwärtsgerichteten Volumenstrom -38 %, d.h. der Volumenstrom ist in den numerischen Berechnungen um den Faktor 0.62 reduziert. Daraus alleine lässt sich ein Konzentrationsanstieg von $1/0.62 \approx 1.61$, also 61 % ableiten, nicht aber die zu beobachtenden Überschreitungen von 120 - 180 %. Die Gründe für den verminderten Austausch wiederum können auf eine unzureichende Abbildung des Strömungsfeldes im Überdachbereich und auf die turbulente Schmidt Zahl Sc_t, die mit 1.0 höher angesetzt ist als üblicherweise und somit eine geringere turbulente Stoffdiffusivität bedingt, zurückgeführt werden.

In Tab. 7.1 sind die wesentlichen Ergebnisse der numerischen Untersuchungen zusammengefasst. Zum Vergleich sind, sofern vorhanden, auch die experimentellen Messdaten aufgeführt. Die Berechnungen für die Straßenschluchten mit Baumpflanzungen mittlerer (P_{Vol} = 97.5 %) und niedriger (P_{Vol} = 96 %) Kronenporosität weisen verhältnismäßig geringe Abweichungen zu den Konzentrationsmessungen an Wand A auf, bei der baumfreien Straßenschlucht und im Falle mit Baumpflanzung ohne Kronenporosität sind jedoch größere Unterschiede vorhanden. Zu beachten ist außerdem, dass die Ergebnisse mit korrigierter turbulenter kinetischer Energie k im Dachbereich erzielt wurden und eine Kenntnis des Strömungsfeldes aus experimentellen Untersuchungen voraussetzen.

P_{Vol} [%]	mittlere Konzentration an Wand A c_A^+ [-]			Volumenstrom vor Wand A $100 * V_A^+$ [-]		
	Exp.	Num.	δ_c^+ [%]	Exp.	Num.	δ_V^+ [%]
-	19.5	31.1	+60	7.4	4.7	-36
97.5	28.7	35.3	+23	-	3.5	-
96.0	32.0	38.26	+20	-	2.7	-
0.0	31.9	68.0	+113	3.4	2.1	-38

Tab. 7.1: Vergleich numerischer und experimenteller Ergebnisse (B/H = 1, α = 90°, ρ_b = 1).

Alles in Allem kann eine qualitativ (damit sind die Wiedergabe der dominierenden Wirbelstrukturen und die Konturen der Konzentrationsverteilungen gemeint) nicht aber eine quantitativ zufrieden stellenden Übereinstimmung der numerischen Simulationen zu den experimentellen Ergebnissen festgestellt werden. Weitere numerische Untersuchungen an der vorliegenden Straßenschlucht mit diversen RANS-basierten Turbulenzschließungsansätzen sind in Balczó et al. (2008), Gromke et al. (2008d), Gromke et al. (2008e) und Venema et al. (2008) beschrieben.

8. Funktionale Zusammenhänge

Auf der Grundlage der in Kap. 6 vorgestellten experimentellen Ergebnisse sollen Zusammenhänge zwischen den untersuchten Einflussparametern und den Schadstoffkonzentrationen im Straßenraum herausgearbeitet werden. Um die Komplexität des vorliegenden Sachverhaltes einzuschränken bzw. auf ein Minimum zu reduzieren, werden der Herleitung funktionaler Zusammenhänge zunächst dimensionsanalytische Überlegungen vorangestellt.

8.1 Dimensionsanalytische Betrachtungen

Ziel der Dimensionsanalyse ist es, die Anzahl relevanter Einflussgrößen zu reduzieren. Dies geschieht einerseits über die Identifizierung unrelevanter, für das Problem nur scheinbar wichtiger Größen, andererseits über die Zusammenfassung mehrerer dimensionsbehafteter Einflussgrößen zu dimensionslosen Parametern (π-Gruppen). Als unmittelbares Ergebnis der Dimensionsanalyse ergeben sich i. d. R. keine den Sachverhalt beschreibenden funktionalen Zusammenhänge. Vielmehr stellt sie eine Art Filter dar, das relevante Größen passieren lässt und unrelevante sperrt. Durch die Reduzierung der Anzahl der für das Problem maßgeblichen Parameter wird das Auffinden funktionaler Zusammenhänge vereinfacht. Ausführliche Beschreibungen der Grundlagen und Methodiken in der Dimensionsanalyse finden sich in den Büchern von Zierep (1991) und Spurk (1992).

Zunächst müssen alle in den Sachverhalt involvierten physikalischen Größen bestimmt werden. Um deren Anzahl von vorneherein überschaubar zu halten, werden nur solche Größen aufgeführt, die auch aus den Messungen bekannt sind, bzw. bereits in den vorausgegangenen Untersuchungen und Überlegungen als wichtig erachtet wurden. Diese sind geometrische Größen (Abb. 5.1), wie die Gebäudehöhe H und -Breiten B_A, B_B, die Straßenschluchtlänge L und -Breite B, die Lage der Linienquellen $x_{Lq,i}$, $z_{Lq,i}$, die Position bzw. Abmaße der Baumkronen $\mathbf{x_{k,j}} = (x_{K,j}, y_{K,j}, z_{K,j})$, $\mathbf{K_j} = (K_{x,j}, K_{y,j}, K_{z,j})$ deren Porenvolumenanteil $P_{Vol,j}$ und das Strömungs- bzw. Konzentrationsfeld charakterisierende Größen wie die Windgeschwindigkeit in Gebäudehöhe u_H, die Windrichtung α, die kinematische Viskosität der Luft v, die Linienquellestärke Q_l und die Konzentration $c = c(x,y,z) = c(\mathbf{x})$. Zwischen diesen Größen wird ein funktionaler Zusammenhang angenommen, der sich ganz allgemein in der impliziten Formierung schreiben lässt als

$$F_1\left(H, B_A, B_B, L, B, x_{Lq,i}, z_{Lq,i}, \mathbf{x_{k,j}}, \mathbf{K_j}, P_{Vol,j}, u_H, \alpha, v, Q_l, c, \mathbf{x}\right) = 0 \qquad (8.1)$$

Im Weiteren werden die Positionen der Linienquellen als repräsentativ für die Freisetzung von Verkehrsemissionen angesehen und aus der Betrachtung herausgezogen. Die Position und Abmaße der Baumkronen werden ebenfalls als typisch für die untersuchten Straßenbreite- zu Gebäudehöhenverhältnisse B/H angesehen und werden stellvertretend durch den Parameter Pflanzdichte ρ_b wiedergegeben. Alleenartige Baumpflanzungen in Straßenzügen weisen bedingt durch ihre künstliche Anlegung und Pflege eine Homogenität in Alter, Spezies, Größe und Zustand auf, so dass auch von einem einheitlichen Porenvolumenanteil P_{Vol} statt $P_{Vol,j}$ ausgegangen werden kann. Mit diesen Überlegungen reduziert sich die implizite Formulierung zu

$$F_2\left(H, B_A, B_B, L, B, \rho_b, P_{Vol}, u_H, \alpha, v, Q_l, c, \mathbf{x}\right) = 0 \tag{8.2}$$

Da immer isolierte Straßenschluchten der Länge $L = 10\,H$ ohne Variation der Gebäudebreiten B_A und B_B untersucht wurde, sind alle möglichen Aussagen im Anschluss an die Dimensionsanalyse inhärent auf die vorliegende Geometrie beschränkt. Aus diesem Grund werden diese Längenmaße aus der Betrachtung herausgezogen, gleichwohl sie stets im Hintergrund als präsent und relevant erachtet werden müssen. Es ergibt sich

$$F_3\left(H, B, \rho_b, P_{Vol}, u_H, \alpha, v, Q_l, c, \mathbf{x}\right) = 0 \tag{8.3}$$

Ein praktisch anschaulicher funktionaler Zusammenhang zwischen den verbliebenen physikalischen Größen ist jener, der die Konzentration $c = c(\mathbf{x}) = c(x,y,z)$ in Beziehung zu den übrigen Einflussgrößen setzt. In der expliziten Formulierung ausgedrückt lautet dies

$$c = f_4\left(H, B, \rho_b, P_{Vol}, u_H, \alpha, v, Q_l, x, y, z\right) \tag{8.4}$$

In Gl. (8.4) werden 12 Größen zueinander in Beziehung gesetzt, wobei die Konzentration c als eine Funktion von 11 Einflussgrößen dargestellt ist. Alle physikalischen Größen der verbliebenen 12 Parameter lassen sich aus Kombinationen von nur 2 physikalischen Basisgrößen, der Länge [L] und der Zeit [T], ausgedrückt durch die Einheiten Meter {m} und Sekunde {s}, ableiten. Nach dem Buckingham π-Theorem kann der Zusammenhang auf 12-2 = 10 dimensionslose Parametergruppen (π-Gruppen) reduziert werden.

Die Herleitung der 10 dimensionslosen Parametergruppen geschieht im Folgenden. In der untenstehenden Dimensionsmatrix sind alle Einflussgrößen mitsamt ihren Basisgrößenexponenten aufgeführt. Es ist sofort ersichtlich, dass die Größen c, ρ_b, P_{Vol} und α bereits dimensionslos und somit als π-Gruppen aufzufassen sind.

	c	H	B	ρ_b	P_{Vol}	u_H	α	v	Q_l	x	y	z
L	0	1	1	0	0	1	0	2	2	1	1	1
T	0	0	0	0	0	-1	0	-1	-1	0	0	0

Zunächst wird Größenart Länge [L] über die Einflussgröße Gebäudehöhe H aus dem System entfernt. Es verbleiben

	c	B/H	ρ_b	P_{Vol}	u_H/H	α	v/H^2	Q_l/H^2	x/H	y/H	z/H
L	0	0	0	0	0	0	0	0	0	0	0
T	0	0	0	0	-1	0	-1	-1	0	0	0

Um abschließend die physikalische Größe Zeit [T] aus dem System zu eliminieren wird der Parameter u_H/H genutzt

	π_1	π_2	π_3	π_4	π_5	π_6	π_7	π_8	π_9	π_{10}
	c	B/H	ρ_b	P_{Vol}	α	$v/(u_H H)$	$Q_l/(u_H H)$	x/H	y/H	z/H
L	0	0	0	0	0	0	0	0	0	0
T	0	0	0	0	0	0	0	0	0	0

Es verbleiben 10 dimensionslose π-Gruppen, wobei $\pi_6 = v/(U_H H)$ die reziproke Reynoldszahl Re gemäß Gl. (5.1) ist. Explizit nach c ausgedrückt gilt also

$$c = f_5\left(\frac{B}{H}, \rho_b, P_{Vol}, \alpha, Re, \frac{Q_l}{u_H H}, \frac{x}{H}, \frac{y}{H}, \frac{z}{H}\right) \tag{8.5}$$

Damit sind die Möglichkeiten zur Problemvereinfachung durch Reduktion auf die relevanten dimensionslosen Parameter resultierend aus der formal abstrakten Dimensionsanalyse ausgeschöpft. Jedoch kann durch folgende Überlegung der Sachverhalt weiter vereinfacht werden. Aus der Anschauung ist unmittelbar klar, dass die Konzentration $c(\mathbf{x})$ proportional der Linienquellestärke Q_l sein muss ($c \sim Q_l$). f_5 ist mithin eine lineare Funktion in $\pi_7 = Q_l/(U_H H)$. Damit ergibt sich

$$c = \frac{Q_l}{u_H H}\, f_6\left(\frac{B}{H}, \rho_b, P_{Vol}, \alpha, Re, \frac{x}{H}, \frac{y}{H}, \frac{z}{H}\right) \tag{8.6}$$

Umformen liefert die bereits in Gl. (5.7) definierte normierte Konzentration c^+

$$c^+ = \frac{c\, u_H H}{Q_l} = f_6\left(\frac{B}{H}, \rho_b, P_{Vol}, \alpha, Re, \frac{x}{H}, \frac{y}{H}, \frac{z}{H}\right) \tag{8.7}$$

Aus dem Wissen, dass an scharfkantigen Geometrien bei Überschreiten einer kritischen Reynoldszahl ($Re_{krit} > 10000$) ein sich von ihr unabhängiges Strömungsfeld einstellt und die kritische Schwelle bereits in den Windkanalversuchen am Straßenschluchtmodell deutlich überschritten wird, kann diese ebenfalls aus der Betrachtung herausgezogen werden

$$c^+ = f_7\left(\frac{B}{H}, \rho_b, P_{Vol}, \alpha, \frac{x}{H}, \frac{y}{H}, \frac{z}{H}\right) \tag{8.8}$$

Als Ergebnis der dimensionsanalytischen Betrachtungen ergibt sich also, dass im vorliegenden Straßenschluchtmodell die normierte Konzentration $c^+(\mathbf{x})$ eine Funktion von 7 dimensionslosen Einflussgrößen ist.

8.2 Herleitung funktionaler Zusammenhänge

Ein besonders interessanter und für die städtebauliche Praxis relevanter Sachverhalt ist die Kenntnis der maximal auftretenden Schadstoffbelastungen im Straßenraum bzw. an den Gebäudewänden. Bei den in dieser Arbeit untersuchten Straßenschlucht/Baumpflanzkonfigurationen traten die maximalen Konzentrationen stets im bodennahen Bereich der Leewand (Wand A) in Abhängigkeit des Anströmungswinkels α entweder im zentralen oder hinteren Straßenschluchtabschnitt auf. Für die Wandbereiche maximaler Schadstoffbelastung wird ein flächengemittelter Konzentrationswert aus einem Einzugsgebiet mit Breite $H/2$ und Höhe $H/2$ berechnet. Für die Anströmung senkrecht zur Straßenachse ($\alpha = 90°$) gilt für die Mittelungsfläche $-0.25 < x/H < +0.25$ und $0 < z/H < 0.5$ und für die bei schräger oder paralleler Anströmung ($\alpha = 45°$ bzw. $\alpha = 0°$) $4.5 < x/H < +5$ und $0 < z/H < 0.5$. Durch diesen Ansatz können die normierten Ortskoordinaten aus der Betrachtung herausgezogen werden, es verbleibt

$$c_{max}^+ = f_8\left(\frac{B}{H}, \rho_b, P_{Vol}, \alpha\right) \tag{8.9}$$

Aus der Anschauung heraus, liegt es nahe, die Baumpflanzung in charakteristischer Weise durch eine Kombination der beiden Parameter Pflanzdichte ρ_b und Porenvolumenanteil P_{Vol} zu beschreiben. Hierfür wird ein allgemeiner Produktansatz der Art

$$BP_c = (\rho_b)^{c_1} \cdot (100 - P_{Vol})^{c_2} \tag{8.10}$$

gewählt, wobei BP_c der Baumpflanzungscharakteristische Parameter, c_1 und c_2 frei wählbare Parameter sind und P_{Vol} in % anzusetzen ist, so dass

$$c_{max}^+ = f_9\left(\frac{B}{H}, BP_c, \alpha\right) \tag{8.11}$$

Wählt man die Parameter $c_1 = c_2 = 1$ und trägt die normierten flächengemittelten Maximalkonzentrationen c_{max}^+ über BP_c auf, so liegen die Werte für B/H = const. und α = const. bei logarithmischer Ordinatenskalierung wie aus Abb. 8.1 ersichtlich annähernd auf einer Geraden ($BP_c = 0$ entspricht hierbei der baumfreien Straßenschlucht).

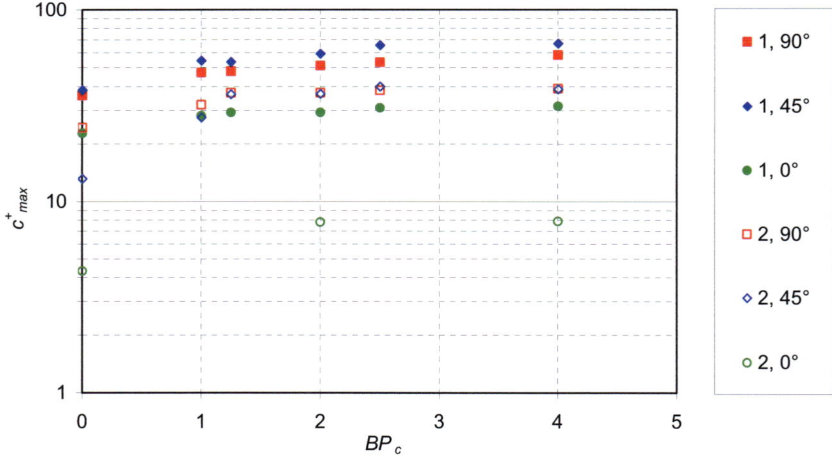

Abb. 8.1: Maximale Konzentrationen in der Straßenschlucht in Abhängigkeit des baumpflanzungscharakteristischen Parameters BP_c für verschiedene B/H-Verhältnisse und Anströmungsrichtungen α.

Dies deutet auf einen exponentialgesetzmäßigen Zusammenhang zwischen der Maximalkonzentration c_{max}^+ und dem baumpflanzcharakteristischen Parameter BP_c hin. Aus diesem Grund wird folgender Ansatz formuliert

$$c_{max}^+ = a_1 - a_2 \exp(-a_3\, BP_c)$$

(8.12)

wobei die Parameter a_i ihrerseits wiederum von B/H und α abhängen ($a_i = a_i(B/H, \alpha)$, $a_i > 0$). Mit diesem Ansatz wird ein funktionaler Zusammenhang mit den folgenden asymptotischen Eigenschaften abgebildet

$$\lim_{BP_c \to 0}(c_{max}^+) = a_1 - a_2 \qquad \text{und} \qquad \lim_{BP_c \to \infty}(c_{max}^+) = a_1$$

Anschaulich können die Parameter a_1 als die höchst mögliche Maximalkonzentration in der Straßenschlucht mit Baumpflanzung, a_2 als die Differenz zwischen dieser und der Maximalkonzentration der baumfreien Straßenschlucht ($BP_c = 0$) und a_3 als ein Streckungsfaktor verstanden werden.

Regressionsanalysen auf Basis des in Gl. (8.12) beschriebenen Ansatzes ergeben unter Erfüllung der Bedingung der kleinsten Fehlerquadrate für die Parameter a_i die in Tab. 8.1 dargestellten Werte. Abb. 8.2 zeigt die Regressionskurven zusammen mit aus dem Messergebnissen berechneten Maximalkonzentrationen c_{max}^+.

B/H, α	a_1	a_2	a_3
1, 90°	61.2	25.1	0.5
1, 45°	69.8	31.5	0.6
1, 0°	31.6	8.8	0.9
2, 90°	39.3	15.2	1.0
2, 45°	40.4	27.5	1.1
2, 0°	7.9	3.5	1.8

Tab. 8.1: Parameter des Exponentialansatzes Gl. (8.12) in Abhängigkeit von B/H und α.

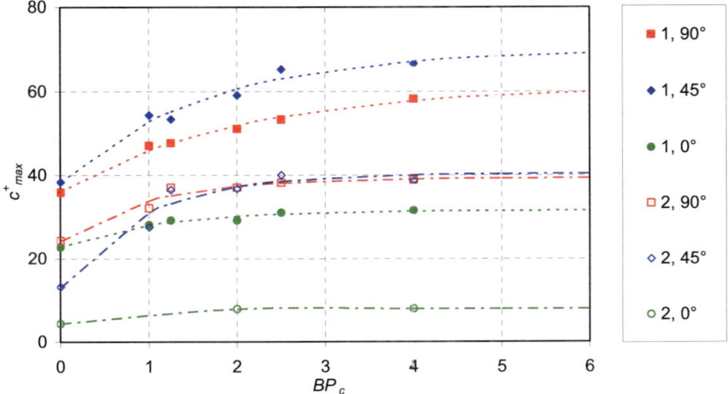

Abb. 8.2: Maximale Konzentrationen in der Straßenschlucht in Abhängigkeit des baumpflanzungscharakteristischen Parameters BP_c mit exponentiellen Regressionskurven.

Es verbleibt nun noch funktionale Zusammenhänge zwischen den Parametern a_i und den Größen B/H bzw. α herzustellen. Dazu werden allgemeine Polynomansätze der Art

$$a_i = c_{i0} + c_{i1}\, a_r + c_{i2}\, \alpha + c_{i3}\, a_r^{\,2} + c_{i4}\, \alpha^2 + c_{i5}\, a_r\, \alpha$$
$$+ c_{i6}\, a_r^{\,2}\, \alpha + c_{i7}\, a_r\, \alpha^2 + c_{i8}\, a_r^{\,2}\, \alpha^2 \tag{8.13}$$

formuliert, wobei B/H durch a_r (aspect ratio) ersetzt wurde.

Die sich aus Regressionsanalysen unter Erfüllung der Bedingung der kleinsten Fehlerquadrate ergebenden 27 Koeffizienten c_{ij} (i = 1..3, j = 0..8) sind nachfolgend in Tab. 8.2 zusammengefasst.

	c_{i0}	c_{i1}	c_{i2}	c_{i3}	c_{i4}	c_{i5}	c_{i6}	c_{i7}	c_{i8}
$i = 1$	55.3	-23.8	94.2	0.0	-48.7	-15.5	0.0	10.7	0.0
$i = 2$	14.1	-5.3	41.0	0.0	-17.6	6.4	0.0	-6.0	0.0
$i = 3$	0.0	0.9	0.3	0.0	-0.2	-0.8	0.0	0.4	0.0

Tab. 8.2: Koeffizientenmatrix c_{ij}.

In Abb. 8.3 sind die sich nach Gl. (8.13) mit den Koeffizienten c_{ij} von Tab. 8.2 ergebenden Parameter a_i in Abhängigkeit des Anströmungswinkels α für verschiedene B/H-Verhältnisse zusammen mit den Parametern a_i aus Tab. 8.1 dargestellt. Daraus ist ersichtlich, dass durch die gewählten Polynomansätze nach Gl. (8.13) zum einen die diskreten Parameter a_i nach Tab. 8.1 wiedergegeben werden, zum andern auch beliebige Zwischenpunkte in sinnvoller Weise erfasst werden.

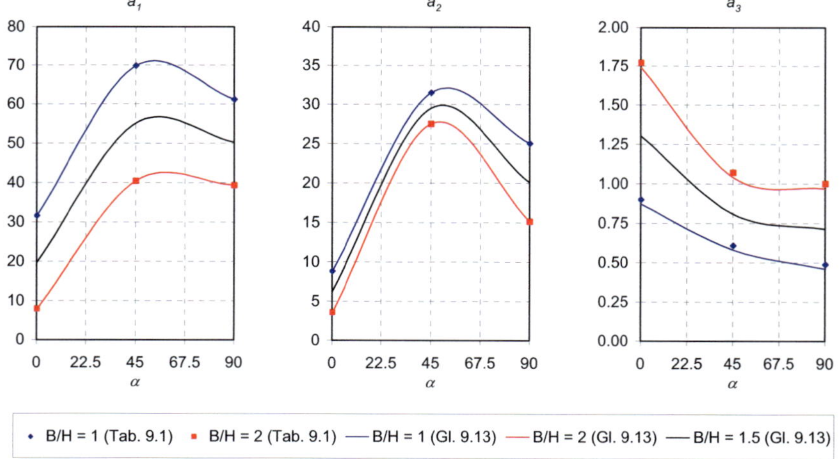

Abb. 8.3: Parameter a_i berechnet nach dem Polynomansatz Gl (9.13).

Mit Hilfe von Gl. (8.12) und den Parametern a_i berechnet nach Gl. (8.13) bzw. aus ist es nun möglich, die maximale aus dem Verkehr in der Straßenschlucht resultierende Schadstoffbelastung c^+_{max} zu berechnen.

Den Diagrammen aus Abb. 8.3 zufolge ist die höchst mögliche maximale Schadstoffbelastung c^+_{max} im Straßenraum bei schräger Anströmung für $\alpha \approx 50 - 60°$ zur erwarten (Parameter a_1 und a_2), da sich bei schräger Anströmung der Leewandbelastungseffekt aufgrund des Canyon Vortex's und der akkumulative Schadstofftransportprozess entlang der Straßenlängsachse überlagern.

8.3 Anwendungsbereich

Der Anwendungsbereich des Berechnungsansatzes ist durch die den Dimensions- und Regressionsanalysen zugrundeliegenden Randbedingungen und Voraussetzungen definiert. Diese umfassen die geometrischen Randbedingungen wie die Abmaße der Straßenschlucht und der sie bildenden Gebäude, die Lage der Schadstoffquelle, die Anordnung und Beschaffenheit der Baumreihen sowie die Anströmungscharakteristka und wurden bereits im vorausgegangenen Abschnitt diskutiert. Da diese an stadttypischen Gegebenheiten orientiert sind, ist der abgeleitete Berechnungsansatz grundsätzlich für die Großzahl der Straßenschluchten anwendbar.

Auch in der Verwendung eines isolierten, anstatt eines in ein Häusermeer eingebetteten Straßenschluchtmodells (Reihenanordnung) ist keine grundlegende Einschränkung zu sehen. Ersichtlicherweise kann in grundlagenorientierten Windkanalversuchen nicht die gesamte Vielfalt der städtischen Umgebungsbebauungsvarianten abgedeckt werden, weshalb üblicherweise entweder eine isolierte oder eine in eine Reihe gleichartiger Bebauungskomplexe eingelassene Straßenschlucht untersucht wird. Bei der letzteren Idealisierung stellt sich eine turbulenzärmere Überdachströmung (skimming flow) mit vergleichsweise stabilen Strömungsstrukturen am Straßenschluchtmodell ein. Der in der Realität vorliegende intermittente Charakter des Strömungszustandes in Straßenschluchten, hervorgerufen durch eine unregelmäßige Bebauungsstruktur, wird nicht abgebildet. Hingegen ist bei der isolierten Straßenschluchtanordnung ein stark intermittenter Strömungszustand, der sich in zeitweiligem Verstärken bzw. Abschwächen oder sogar Aussetzen der wesentlichen Strömungsstrukturen äußert, vorhanden.

Der vorliegende Berechnungsansatz zur Bestimmung der maximalen Schadstoffbelastung ist an einer langen Straßenschlucht (Hunter et al., 1990/91) mit $L/H = 10$ ermittelt worden. Bei kleineren L/H-Verhältnissen ist der Berechnungsansatz wegen des vergleichsweise stärkeren Luftaustausches als konservativ in dem Sinne, dass die Schadstoffbelastung überschätzt wird, anzusehen. Bei größeren L/H-Verhältnissen ist dies bei schrägen und parallelen Anströmungsrichtungen aufgrund der Schadstoffakkumulation nicht mehr der Fall. Da jedoch in der städtebaulichen Realität gleichförmige Straßenschluchten mit $L/H > 10$ nur in wenigen Ausnahmefällen vorzufinden sind, ist der Anwendungsbereich praktisch nicht betroffen.

Grenzen werden dem Anwendungsbereich des Berechnungsansatzes durch das Straßenbreite- zu Gebäudehöhenverhältnis B/H auferlegt, da mit diesem Verhältnis auch Änderungen in den Strömungsregimen (Oke, 1988) einhergehen. Zu beachten ist weiterhin, dass bei Überschreiten eines gewissen B/H-Wertes die Baumpflanzung als zweireihig aufgelöst (Abb. 6.33), statt quasi-einreihig geschlossen (Abb. 6.1) angenommen wird. Weiterhin ist der

Anwendungsbereich des Berechnungsansatzes mit dem Strömungsregime gekoppelt in den Grenzen $0.75 \leq B/H \leq 2.5$ zu sehen.

8.4 Skizzierung eines Anwendungsbeispiels

In diesem Abschnitt soll der operative Nutzen des vorgestellten Berechnungsansatzes am Beispiel einer Fragestellung aus der städtebaulichen Praxis demonstriert werden.

Im Entwicklungsplan einer Stadt ist die Begrünung eines Straßenschluchtabschnitts (L/H = 8, B/H = 1.8) mit Verkehrsemissionen als der Hauptquelle für Luftschadstoffe, durch eine alleenartige Baumpflanzung vorgesehen. Die Stadtplaner stehen nun vor der Aufgabe, eine Baumpflanzung derart zu planen, dass soviel "Grün" wie möglich im Straßenraum untergebracht wird, gleichzeitig aber die Grenzwerte für Luftschadstoffe nicht überschritten werden. Sie legen sich auf eine zweireihige Baumpflanzung bestehend aus einer Baumspezies mit einem Porenvolumenanteil der Kronen von $P_{Vol,}$ = 95 % fest. Es verbleibt die Frage nach der maximal zulässigen Pflanzdichte ρ_b. Zur Vereinfachung wird eine dominante Hauptwindrichtung von α = 30° zur Straßenlängsachse angenommen. Mit diesen Angaben lassen sich nun die Parameter a_i gemäß Gl. (8.13) berechnen; es ergeben sich folgende Werte a_1 = 42.24, a_2 = 25.18 und a_3 = 1.20. Nach Wahl einer Pflanzsdichte ρ_b kann nun anhand Gl. (8.12) die Maximalkonzentration c^+_{max} in der Straßenschlucht bestimmt werden. Mit Kenntnis der Verkehrstärke- sowie Zusammensetzung und der daraus ableitbaren Quellstärke einer Spezies $Q_{l,i}$ kann über die Gl. (5.7) bei Annahme einer zur Hauptwindrichtung gehörigen typischen Windgeschwindigkeit u_H auf die tatsächlichen Schadstoffkonzentrationen c_i geschlossen werden. Durch Vergleich mit dem entsprechenden Grenzwert des Luftschadstoffes $c_{i,max}$ und gegebenenfalls iteratives Vorgehen kann so die maximal zulässige Pflanzdichte ρ_b (möglichst viel "Grün") ermittelt werden.

9. Zusammenfassung und Ausblick

Zusammenfassung

In der vorliegenden Arbeit wurden die Ausbreitung und Konzentrationen von bodennah freigesetzten Verkehrsemissionen in Straßenschluchten mit alleenartigen Baumpflanzungen untersucht. Dazu wurden Versuche an einem Straßenschluchtmodell in einem atmosphärischen Grenzschichtwindkanal durchgeführt. Die Freisetzung der Verkehrsemissionen wurde durch eine in der Straßenschlucht eingebrachte spurengasemittierende Linienquelle realisiert. Eine neue Methode zur Modellierung von Bäumen oder allgemeiner von porösen Vegetationsstrukturen für Windkanalversuche, basierend auf strömungsmechanischen Ähnlichkeitsansätzen wurde entwickelt und erfolgreich eingesetzt. Es wurden Straßenschlucht/Baumpflanzkonfigurationen bei Variation der Parameter Straßenbreite, Anströmungsrichtung und pflanzungscharakteristischer Eigenschaften wie Baumreihenanzahl, Pflanzdichte und Kronenporosität untersucht. Laser-Doppler-Anemometrie (LDA) und Elektroneneinfangdetektion (ECD) wurden zur Geschwindigkeits- bzw. Konzentrationsmessung eingesetzt. Für einige ausgewählte Modellkonfigurationen wurden zudem noch numerische Berechnungen mit einem CFD-Code unter Verwendung eines k-ε Turbulenzschließungsansatzes zu Vergleichs- und Evaluierungszwecken durchgeführt. Unter Zuhilfenahme dimensionsanalytischer Methoden wurden funktionale Zusammenhänge zur Bestimmung der maximalen Schadstoffbelastung aus Verkehrsemissionen in Abhängigkeit charakteristischer Straßenschlucht/Baumpflanzungsparameter abgeleitet.

Im Folgenden werden die wichtigsten Ergebnisse dieser Arbeit zusammengefasst:

- Alleenartige Baumpflanzungen in Straßenschluchten können einen entscheidenden Einfluss auf die natürliche Durchlüftung und damit auf die Ausbreitung und Konzentration der bodennah freigesetzten Verkehrsemissionen im Straßenraum ausüben. Bei nichtparalleler Anströmung wurden in Straßenschluchten mit Baumpflanzungen im Vergleich zum baumfreien Pedant an der leeseitigen Innenwand stets höhere und an der gegenüberliegenden luvseitigen Wand stets niedrigere Schadstoffkonzentrationen im Wandmittel festgestellt. Insgesamt überwog aber immer die leeseitige Konzentrationszunahme, so dass es in Summe zu einer Verminderung der Luftqualität im Straßenraum kam.

- Die maximalen Schadstoffbelastungen treten bei langen Straßenschluchten ($L/H > 7$) bei Schräganströmung ($\sim 45°$) an deren Ende an der leeseitigen Wand auf, da mit dem Strömungsfeld im Straßenraum ein akkumulativer Schadstofftransport entlang der Straßenlängsachse verbunden ist. Bei Straßenschluchten mit $L/H < 7$ treten die maximalen Belastungen bei senkrechter Anströmung im zentralen Bereich an der leeseitigen Wand auf. Dies gilt sowohl für Straßenschluchten mit als auch ohne alleenartiger Baumpflanzung.

- Anhand der Pflanzdichte kann die zusätzliche durch Baumpflanzungen hervorgerufene Schadstoffbelastung aus verkehrsbedingten Emissionen in wirksamer Weise beeinflusst werden. Eine aufgelockerte Bepflanzung mit ausreichend großen Baumabständen behindert nur unwesentlich die natürliche Durchlüftung des Straßenraums und führt im Vergleich zur baumfreien Alternative lediglich zu gering höheren Schadstoffbelastungen.

- Der gewählte Ansatz zur Baummodellierung erwies sich als sehr praktikabel. Er erlaubt es, grundlegende Vegetationseigenschaften gezielt für kleinmaßstäbliche Windkanalanwendungen unter Beachtung strömungsmechanischer Ähnlichkeitsanforderungen nachzubilden. Seine Anwendung ist nicht wie in der vorliegenden Arbeit auf alleenartige Baumpflanzungen beschränkt, sondern auch für die Modellierung andersartiger Vegetationsbestände wie beispielsweise Wälder, Sträucher oder Büsche und somit für eine Vielzahl umweltaerodynamischer Windkanaluntersuchungen offen.

- Die Permeabilität der Baumkronen ist nur bis zu einem gewissen Grad von Bedeutung. Nach Unterschreiten eines bestimmten Permeabilitätsgrades sind keine weiteren Änderungen im Strömungs- und Konzentrationsfeld im Straßenraum festzustellen. Ein entsprechendes impermeables Hindernis würde die gleichen Auswirkungen auf die Schadstoffausbreitung und -belastung ausüben. Der Grund hierfür liegt in der windgeschützten Lage der Baumpflanzung, die innerhalb der Straßenschlucht praktisch keiner direkten Anströmung ausgesetzt ist.

- Die numerischen Simulationen mit k-ε Turbulenzschließungsmodell zeigten für die ausgewählten Straßenschlucht/Baumpflanzkonfigurationen im Ergebnis qualitativ, jedoch keine quantitativ zufrieden stellende Übereinstimmung mit den experimentellen Untersuchungen. Unter qualitativ ist hierbei eine Wiedergabe der wesentlichen Charakteristiken der Konzentrationsverteilung sowie eine Konzentrationszunahme und Abnahme an der leeseitigen bzw. luvseitigen Straßenschluchtwand in der Gegenwart von alleenartigen Baumpflanzungen zu verstehen. Trotz manueller Eingriffe in die numerischen Simulationen wie der Korrektur der turbulenten kinetischen Energie k im Überdachbereich waren quantitative Unterschiede vorhanden. Die Strömungsgeschwindigkeiten im Straßenraum wurden in den numerischen Simulationen unter- und die Schadstoffbelastungen überschätzt.

- Unter Zuhilfenahme dimensionsanalytischer Betrachtungen wurden die wesentlichen, die Konzentrationsverhältnisse in Straßenschluchten mit und ohne alleenartigen Baumpflanzungen bestimmenden Parameter identifiziert. Aufbauend auf diesen und auf Regressionsanalysen mit Messergebnissen wurde ein Berechnungsansatz abgeleitet, der es erlaubt die maximale Schadstoffkonzentration infolge verkehrsbedingter Emissionen im Straßenraum zu berechnen. Durch den Berechnungsansatz werden auch nicht explizit untersuchte Straßenschlucht/Baumpflanzkonfigurationen erschlossen. Seine praktische Anwendbarkeit und Nutzen wurden an einem Beispiel skizziert.

Ausblick

Wie in der Einleitung bereits erwähnt, ist die Beeinflussung der Ausbreitungs- und Konzentrationsverhältnisse verkehrsfreigesetzter Schadstoffe nur ein Aspekt im Hinblick auf die Auswirkungen von Baumpflanzungen in Straßenschluchten. Weitere aus stadtklimatologischer bzw. meteorologischer Sicht relevante Gesichtspunkte betreffen den Wärme- und

Feuchtehaushalt oder auch die solare Zugänglichkeit und einen daran gekoppelten Energieverbrauch der umliegenden Bebauung ebenso wie den Windkomfort im Straßenraum.

Hiermit öffnet sich ein großes und komplexes Untersuchungsfeld. Ebenso wie die Frage nach dem Einfluss von Baumpflanzungen auf die Ausbreitung von Schadstoffen in Straßenschluchten, können auch Fragestellungen hinsichtlich der übrigen obig genannten Aspekte formuliert werden. Alle diese Fragestellungen könnten zunächst in Einzeluntersuchungen abgehandelt werden. Aufbauend darauf ist schlussendlich die Entwicklung eines integralen Modells zur Bewertung von Baumpflanzungen oder allgemeiner Vegetation in urbanen Gebieten, unter Gewichtung der verschiedenen Aspekte, möglich.

Die Ergebnisse dieser Arbeit sind in der Internetdatenbank **CODASC** veröffentlich und frei zugänglich. **CODASC** steht für "**CO**ncentration **DA**ta of **S**treet **C**anyons" und bietet die Daten der Konzentrationsmessergebnisse sämtlicher hier vorgestellter Straßenschlucht/Baumpflanzkonfigurationen zum freien Download an. Hauptzweck der Datenbank **CODASC** ist die Bereitstellung der experimentellen Datensätze zur Validierung numerischer Simulationen zur Schadstoffausbreitung in Straßenschluchten.

http://www.ifh.uni-karlsruhe.de/science/aerodyn/CODASC.htm

Literaturverzeichnis

Adrian, R. J. (1982) High Speed Correlation Techniques. TSI Quarterly, Vol. 3, No. 2.

Ahmad, K., Khare, M., Chaudhry, K. K. (2005) Wind tunnel simulation studies on dispersion at urban street canyons and intersections - a review. Journal of Wind Engineering and Industrial Aerodynamics, Vol. 93, No. 9, Seiten 697 - 717.

Amorim, J. H., Miranda, A. I., Borrego, C. (2005) The effect of vegetative canopy on urban air pollutants dispersion: An application to Lisbon city centre. 14th Int. Conf. "Transport and Air Pollution", Graz, Austria, 2005.

Baik, J. J., Kim, J. J. (1999) A numerical study of flow and pollutant dispersion characteristics in urban street canyons. Journal of Applied Meteorology, Vol. 38, Se ten 1576 - 1589.

Baik, J., Park, R., Chun, H., Kim, J. (2000) A laboratory model of urban street-canyon flows. Journal of Applied Meteorology, Vol. 39, Seiten 1592 - 1600.

Baik, J., Kim, J. (2002) On the escape of pollutants from urban street canyons. Atmospheric Environment, Vol. 36, No. 3, Seiten 527 - 536.

Baik, J., Kang, Y., Kim, J. (2007) Modeling reactive pollutant dispersion in an urban street canyon. Atmospheric Environment, Vol. 41, No. 5, Seiten 934 - 949.

Balczó, M., Gromke, C., Ruck, B. (2008) Numerical modelling of flow and pollutant dispersion in street canyons with tree planting. submitted to Meteorologische Zeitschrift.

Blackadar, A. K. (1998) Turbulence and diffusion in the atmosphere. Springer, Berlin ;Heidelberg [u.a.], IX, 185 S. Seiten.

Britter, R. E., Hanna, S. R. (2003) Flow and dispersion in urban areas. Annual Review of Fluid Mechanics, Vol. 35, No. 1, Seiten 469-496.

Counihan, J. (1969) An improved method of simulating an atmospheric boundary layer in a wind tunnel. Atmospheric Environment (1967), Vol. 3, No. 2, Seiten 197 - 214.

Counihan, J. (1971) Wind tunnel determination of the roughness length as a function of the fetch and the roughness density of three-dimensional roughness elements. Atmospheric Environment (1967), Vol. 5, No. 8, Seiten 637 - 642.

DePaul, F. T., Sheih, C. M. (1985) A tracer study of dispersion in an urban street canyon. Atmospheric Environment (1967), Vol. 19, No. 4, Seiten 555 - 559.

DePaul, F. T., Sheih, C. M. (1986) Measurements of wind velocities in a street canyon. Atmospheric Environment (1967), Vol. 20, No. 3, Seiten 455 - 459.

Dezso-Weidinger, G., Stitou, A., van Beeck, J., Riethmuller, M. L. (2003) Measurement of the turbulent mass flux with PTV in a street canyon. Journal of Wind Engineering and Industrial Aerodynamics, Vol. 91, No. 9, Seiten 1117 - 1131.

DIN 1055-4 (2005) Einwirkungen auf Tragwerke - Teil 4: Windlasten. Normenausschuss im Bauwesen, Beuth Verlag, Berlin, 101 Seiten.

Eliasson, I., Offerle, B., Grimmond, C. S. B., Lindqvist, S. (2006) Wind fields and turbulence statistics in an urban street canyon. Atmospheric Environment, Vol. 40, No. 1, Seiten 1 - 16.

ESDU 85020 (1985) Characteristics of atmospheric turbulence near the ground. Engineering Science Data Unit, 42 Seiten.

Etling, D. (2002) Theoretische Meteorologie. Springer Verlag, Berlin [u.a.], 354 Seiten.

FLOVENT (2005) User's Manual FLOVENT 6.1. Flomerics Limited.

Frank, C., Ruck, B. (2005) Double-Arranged Mound-Mounted Shelterbelts: Influence of Porosity on Wind Reduction between the Shelters. Environmental Fluid Mechanics, Vol. 5, No. 3, Seiten 267 - 292.

Franke, J. (2006) Introduction to the prediction of wind effects on buildings with computational wind engineering (CWE). Lectural Notes, Udine, September 2006.

Gayev, Y. A., Savory, E. (1999) Influence of street obstructions on flow processes within urban canyons. Journal of Wind Engineering and Industrial Aerodynamics, Vol. 82, No. 1-3, Seiten 89 - 103.

Gerdes, F., Olivari, D. (1999) Analysis of pollutant dispersion in an urban street canyon. Journal of Wind Engineering and Industrial Aerodynamics, Vol. 82, No. 1-3, Seiten 105 - 124.

Gerthsen, C., Meschede, D. (2004) Gerthsen Physik. Springer, Berlin ; Heidelberg [u.a.].

Gromke, C., Ruck, B. (2005) Die Simulation atmosphärischer Grenzschichten in Windkanälen. Proc. 13. GALA Fachtagung "Lasermethoden in der Strömungsmesstechnik", Cottbus, September 2005.

Gromke, C., Ruck, B. (2006) Der Einfluss von Bäumen auf das Strömungs- und Konzentrationsfeld in Straßenschluchten. Proc. 14. GALA Fachtagung "Lasermethoden in der Strömungsmesstechnik", Braunschweig, September 2006.

Gromke, C., Denev, J., Ruck, B. (2007) Dispersion of traffic exhausts in urban street canyons with tree plantings - Experimental and numerical investigations - PHYSMOD 2007, Orléans, France, August 2007.

Gromke, C., Ruck, B. (2007a) Effects of trees on the dilution of vehicle exhaust emissions in urban street canyons. International Journal of Environment and Waste Management (IJEWM), Vol. Special Issue on Urban Air Pollution, in press.

Gromke, C., Ruck, B. (2007b) Trees in urban street canyons and their impact on the dispersion of automobile exhausts. Proc. 6th International Conference on Urban Air Quality, Cyprus, March 2007.

Gromke, C., Ruck, B. (2007c) Flow and dispersion phenomena in urban street canyons in the presence of trees. Proc. 12th International Conference on Wind Engineering (ICWE12), Cairns, Australia, July 2007.

Gromke, C., Ruck, B. (2007d) Influence of trees on the dispersion of pollutants in an urban street canyon--Experimental investigation of the flow and concentration field. Atmospheric Environment, Vol. 41, No. 16, Seiten 3287 - 3302.

Gromke, C., Ruck, B. (2007e) Strömungsfelder in Strassenschluchten mit und ohne Baumpflanzungen - Vergleich zwischen LDA-Messungen und CFD-Simulationen. Proc. 15. GALA Fachtagung "Lasermethoden in der Strömungsmesstechnik", Rostock, September 2007.

Gromke, C., Ruck, B. (2007f) Experimentelle und numerische Untersuchungen zur Ausbreitung von Autoabgasen in städtischen Straßenschluchten mit Baumpflanzungen. Windtechnologische Gesellschaft WtG Deutschland - Österreich - Schweiz, Praktische Anwendungen in der Windingenieurtechnik 10, Seiten 175 - 186, Braunschweig, November 2007.

Gromke, C., Ruck, B. (2008a) Aerodynamic modeling of trees for small scale wind tunnel studies. Forestry, Vol. 81, No. 3, Seiten 243 - 258.

Gromke, C., Ruck, B. (2008b) Ein Ansatz zur Modellierung von Vegetation für Gebäude- und Umweltaerodynamische Windkanaluntersuchungen. Proc. 16. GALA Fachtagung "Lasermethoden in der Strömungsmesstechnik", Karlsruhe, September 2008.

Gromke, C., Ruck, B. (2008c) On the Impact of Trees on Dispersion Processes of Traffic Emissions in Street Canyons. Boundary-Layer Meteorology, in press.

Gromke, C., Buccolieri, R., Di Sabatino, S., Ruck, B. (2008d) Evaluation of numerical flow and dispersion simulations for street canyons with avenue-like tree planting by comparison with wind tunnel data. Croatian Meteorological Journal.

Gromke, C., Buccolieri, R., Di Sabatino, S., Ruck, B. (2008e) Dispersion modeling study in a street canyon with tree planting by means of wind tunnel and numerical investigations - Evaluation of CFD data with experimental data. Atmospheric Environment, Vol. 42, Seiten 8640 - 8650.

Gross, G. (1987) A numerical study of the air flow within and around a single tree. Boundary Layer Meteorology, Vol. 40, Seiten 311 - 327.

Gross, G. (1993) Numerical Simulation of Canopy Flows. Springer, Berlin, 167 Seiten.

Gross, G. (1997) ASMUS - Ein numerisches Modell zur Berechnung der Strömung und der Schadstoffverteilung im Bereich einzelner Gebäude. II: Schadstoffausbreitung und Anwendung. Meteorologische Zeitschrift, Vol. 6, Seiten 130 - 136.

Grunert, F., Benndorf, D., Klingbeil, K. (1984) Neuere Ergebnisse zum Aufbau von Schutzpflanzungen. Beiträge für die Forstwissenschaft, Vol. 18, No. 3, Seiten 108 - 115.

Hering, E., Martin, R., Stohrer, M. (2002) Physik für Ingenieure. Springer, Berlin; Heidelberg [u.a.].

Hoerner, S. F. (1965) Fluid dynamic drag. Selbstverl., Mid and Park, New Jersey.

Holmes, N. S., Morawska, L. (2006) A review of dispersion modelling and its application to the dispersion of particles: An overview of different dispersion models available. Atmospheric Environment, Vol. 40, No. 30, Seiten 5902 - 5928.

Hunter, L. J., Watson, I. D., Johnson, G. T. (1990/91) Modelling air flow regimes in urban canyons. Energy and Buildings, Vol. 15, No. 3-4, Seiten 315 - 324.

Kastner-Klein, P. (1999) Experimentelle Untersuchungen der strömungsmechanischen Transportvorgänge in Straßenschluchten. Dissertation Universtät Karlsruhe, 198 Seiten.

Kastner-Klein, P., Plate, E. J. (1999) Wind-tunnel study of concentration fields in street canyons. Atmospheric Environment, Vol. 33, No. 24-25, Seiten 3973 - 3979.

Kastner-Klein, P., Fedorovich, E., Rotach, M. W. (2001) A wind tunnel study of organised and turbulent air motions in urban street canyons. Journal of Wind Engineering and Industrial Aerodynamics, Vol. 89, No. 9, Seiten 849 - 861.

Kemper, F. (2004) Einfluss der korrelationsbedingten Flächenabhängigkeit von quasistatischen Windersatzlasten auf die Tragwerksreaktionen nicht-schwingungsanfälliger Konstruktionen. Diplomarbeit RWTH Aachen, 110 Seiten.

Larcher, W. (2001) Ökophysiologie der Pflanzen. Ulmer Verlag, Stuttgart, 408 Seiten.

Launder, B. E., Spalding, D. B. (1974) The numerical computation of turbulent flows. Computer Methods in Applied Mechanics and Engineering, Vol. 3, No. 2, Seiten 269 - 289.

Leitl, B. M., Meroney, R. N. (1997) Car exhaust dispersion in a street canyon. Numerical critique of a wind tunnel experiment. Journal of Wind Engineering and Industrial Aerodynamics, Vol. 67-68, Seiten 293 - 304.

Li, X., Liu, C., Leung, D. Y. C., Lam, K. M. (2006) Recent progress in CFD modelling of wind field and pollutant transport in street canyons. Atmospheric Environment, Vol. 40, No. 29, Seiten 5640 - 5658.

Liu, C., Barth, M. C. (2002) Large-Eddy Simulation of Flow and Scalar Transport in a Modeled Street Canyon. Journal of Applied Meteorology, Vol. 41, Seiten 660 - 673.

Meltron (1980) Bedienungsanleitung Leckmessgerät LH 108. Meltron GmbH Leckmesstechnik, Korschenbroich, 24 Seiten.

Meroney, R. N., Pavageau, M., Rafailidis, S., Schatzmann, M. (1996) Study of line source characteristics for 2-D physical modelling of pollutant dispersion in street canyons. Journal of Wind Engineering and Industrial Aerodynamics, Vol. 62, No. 1, Seiten 37 - 56.

Mestayer, P. G., Anquetin, S. (1995) Climatology of cities. Kluwer Academic Publishers, 165 - 189 Seiten.

Nazridoust, K., Ahmadi, G. (2006) Airflow and pollutant transport in street canyons. Journal of Wind Engineering and Industrial Aerodynamics, Vol. 94, No. 6, Seiten 491 - 522.

Oke, T. R. (1988) Street design and urban canopy layer climate. Energy and Buildings, Vol. 11, No. 1-3, Seiten 103 - 113.

Oke, T. R. (1993) Boundary layer climates. Routledge, London [u.a.].

Pavageau, M., Schatzmann, M. (1999) Wind tunnel measurements of concentration fluctuations in an urban street canyon. Atmospheric Environment, Vol. 33, No 24-25, Seiten 3961 - 3971.

Plate, E. J. (1982) Windkanalmodellierung von Ausbreitungsvorgängen in Stadtgebieten. in: Abgasbelastungen durch den Kraftfahrzeugverkehr im Nahbereich verkehrsreicher Strassen, Verlag TÜV Rheinland, 61 - 83 Seiten.

Rafailidis, S., Pavageau, M., Schatzmann, M. (1995) Wind Tunnel Simulation of Car Emission Dispersion in Urban Street Canyons. Deutsche Meteorologen-Tagung 1995, Seiten 287 - 288, Offenbach am Main.

Ries, K., Eichhorn, J. (2001) Simulation of effects of vegetation on the dispersion of pollutants in street canyons. Meteorologische Zeitschrift, Vol. 10, No. 4, Seiten 229 - 233.

Rodi, W. (1984) Turbulence models and their application in hydraulics. International Association for Hydraulic Research, Delft.

Roedel, W. (2000) Physik unserer Umwelt: die Atmosphäre. Springer, Berlin ; Heidelberg [u.a.].

Ruck, B., Schmidt, F. (1986) Das Strömungsfeld der Einzelbaumumströmung. Forstwissenschaftliches Centralblatt, Vol. 105, No. 3, Seiten 178 - 196.

Ruck, B. (1987) Laser-Doppler-Anemometrie. AT-Fachverlag, Stuttgart.

Ruck, B. (1990a) Einfluss der Tracerteilchengröße auf die Signalinformation in der Laser-Doppler-Anemometrie. Technisches Messen - tm, Vol. 57, No. 7/8, Seiten 284 - 295.

Ruck, B., (Hrsg.), (1990b) Lasermethoden in der Strömungsmeßtechnik. B. Ruck, AT-Fachverl., Stuttgart.

Ruck, B. (2005) Über die Aerodynamik der Bäume. Proc. 13. GALA Fachtagung "Lasermethoden in der Strömungsmesstechnik", Seiten 49-1 49-7, Cottbus, September 2005.

Sini, J., Anquetin, S., Mestayer, P. G. (1996) Pollutant dispersion and thermal effects in urban street canyons. Atmospheric Environment, Vol. 30, No. 15, Seiten 2659 - 2677.

So, E. S. P., Chan, A. T. Y., Wong, A. Y. T. (2005) Large-eddy simulations of wind flow and pollutant dispersion in a street canyon. Atmospheric Environment, Vol. 39, No. 20, Seiten 3573 - 3582.

Spurk, J. H. (1992) Dimensionsanalyse in der Strömungslehre. Springer, Berlin ; Heidelberg [u.a.].

Stull, R. B. (1988) An introduction to boundary layer meteorology. Kluwer, Dordrecht [u.a.].

Vardoulakis, S., Fisher, B. E. A., Pericleous, K., Gonzalez-Flesca, N. (2003) Modelling air quality in street canyons: a review. Atmospheric Environment, Vol. 37, No. 2, Seiten 155 - 182.

Vardoulakis, S., Valiantis, M., Milner, J., ApSimon, H. (2007) Operational air pollution modelling in the UK--Street canyon applications and challenges. Atmospheric Environment, Vol. 41, No. 22, Seiten 4622 - 4637.

VDI 3783-12 (2000) Environmental meteorology, Part 12: Physical modelling of flow and dispersion processes in the atmospheric boundary layer - Application of wind tunnels. Kommision Reinhaltung der Luft (KRdL) im VDI und DIN - Normenausschuss, Beuth Verlag, Berlin.

Venema, L., von Terzi, D., Gromke, C., Ruck, B. (2008) Scrutinizing turbulence closure schemes for predicting the flow in street canyons. Proc. 16. GALA Fachtagung "Lasermethoden in der Strömungsmesstechnik", Karlsruhe, September 2008.

Venema, L. (2008) The influence of tree planting on the dispersion of pollutants in street canyons. Master Thesis, University of Karlsruhe, 187 Seiten.

WTG (1995) WTG-Merkblatt über Windkanalversuche in der Gebäudeaerodynamik. 3. Dreiländertagung D-A-CH '93 der Windtechnologischen Gesellschaft e. V., Seiten 241 - 285, Karlsruhe, November 1993.

Zhou, X. H., Brandle, J. R., Takle, E. S., Mize, C. W. (2002) Estimation of the three-dimensional aerodynamic structure of a green ash shelterbelt. Agricultural and Forest Meteorology, Vol. 111, No. 2, Seiten 93 - 108.

Zierep, J. (1991) Ähnlichkeitsgesetze und Modellregeln der Strömungslehre. Braun Verlag, Karlsruhe.

Symbolverzeichnis

Lateinische Symbole

a	Kalibrierungsfaktor für Konzentrationsbestimmung
a_r	aspect ratio (B/H)
b	Kalibrierungsfaktor für Konzentrationsbestimmung
BP_c	baumpflanzungscharakteristischer Parameter
c	Konzentration in Teilchen/Teilchen
c	Lichtgeschwindigkeit
c^+	normierte Konzentration
c_d	Widerstandsbeiwert
c_f	Reibungsbeiwert der Bebauungsstruktur
d	Hindernistiefe
d_0	Versatzhöhe
F_V	Fahrzeugfrontfläche
f	Frequenz
f_B	dopplerverschobene Signalfrequenz, festgestellt vom bewegten Beobachter
f_D	dopplerverschobene Signalfrequenz, festgestellt vom Detektor
f_S	Signalfrequenz des gesendeten Signals
f_n	niederfrequente Schwebungsfrequenz
f_n	normierte Frequenz
H	Gebäudehöhe
k	turbulente kinetische Energie
I_u	Turbulenzintensität der Horizontalkomponente der Windgeschwindigkeit
L	Straßenlänge
L	charakteristische Länge im algebraischen Turbulenzmodell
L_u	integrales Längenmaß der horizontalen Geschwindigkeitsfluktuationen
$\mathbf{L}_D$	Richtungsvektor der Detektion
L_{ref}	Referenzlänge
LAI	Blattflächenindex (leaf area index)
$\mathbf{l}_s$	Richtungsvektor der Laserstrahlausbreitung
M	Modellmaßstab, Längenverhältnis Modell zu Natur
M_i	Molmasse der Spezies i
m	Masse
m/t	Massenstrom
n_V	Verkehrsstärke
P_V	Turbulenzproduktionsleistung infolge Verkehr
P_{Vol}	Porenvolumenanteil der Baumkrone
P_W	Turbulenzproduktionsleistung infolge Interaktion zwischen atmosphärischem Wind und Bebauungsstruktur
p	Druck
p_{dyn}	dynamischer Staudruck

p_{stat}	statischer Druck
$p\,V/t$	Leckrate
Q_l	Linienquellstärke
R	allgemeine Gaskonstante
Re_{krit}	kritische Reynoldszahl
R_{uu}	Autokorrelationsfunktion
S_{uu}	Spektraldichtefunktion
Sc_t	turbulente Schmidtzahl
T	absolute Temperatur
t	Zeit
tke	turbulente kinetische Energie
t_I	Integrationszeit (Mittelungszeitintervall)
t_U	Umdrehungszeit des Canyon Vortex (Schluchtwirbel)
T_P	Turbulenzproduktionszahl
TS_{SG}	Teilchenstrom des Spurengases
TS_{SF}	Teilchenstrom des Sniffer Flows
$\mathbf{u}$	Vektor der Partikelgeschwindigkeit
u	Horizontalkomponente der Windgeschwindigkeit
u_H	Windgeschwindigkeit in Gebäudehöhe H in ungestörter Anströmung
u_{ref}	Referenzwindgeschwindigkeit
u_V	Verkehrsgeschwindigkeit
u_δ	Windgeschwindigkeit in Grenzschichthöhe
u'	Fluktuationsanteil der Horizontalkomponente der Windgeschwindigkeit
u_*	Schubspannungsgeschwindigkeit
$u_\perp$	Partikelgeschwindigkeit senkrecht zur Winkelhalbierenden der Partialstrahlen
V	Volumen
VEL	charakteristische Geschwindigkeit im algebraischen Turbulenzmodell
VF	Verstärkungsfaktor
V_i	Molvolumen der Spezies i
V/t	Volumenstrom
V^+	normierter Volumenstrom
W	Gebäudeabstand
w	Vertikalwindgeschwindigkeit
w^+	normierter mittlerer Anteil der Vertikalwindgeschwindigkeit
w'^+	normierter fluktuierender Anteil der Vertikalwindgeschwindigkeit
X	Ausgabewert des Elektroneneinfangdetektors
z	Höhe über Grund
z_0	Rauhigkeitslänge
z_{ref}	Referenzhöhe
z^+	dimensionsloser Wandabstand

Griechische Symbole

α	Profilexponent
δ	Grenzschichthöhe
δ^{+}_{c}	relative Konzentrationsänderung
ε	Dissipationsrate
η	Amplitudenverhältnis
κ	von Kármán Konstante ($\kappa = 0.4$)
λ	Wellenlänge des Laserlichts
λ	Druckverlustkoeffizient
v	kinematische Viskosität
v_t	turbulente Viskosität (turbulente Impulsdiffusivität)
ρ_b	Pflanzdichte der Baumpflanzung (Kronendurchmesser zu Baumabstand)
ρ_{SATP}	Dichte bei neuen Normalbedingungen (Standard Ambient Temperature and Pressure)
ρ	Dichte der Luft
σ_i	RMS-Wert der Windgeschwindigkeitsfluktuationen (i-Komponente)
τ	Versatzzeit
φ	Winkel zwischen Partialstrahlen und Winkelhalbierenden
Ψ	Winkel zwischen Geschwindigkeitsvektor u und Winkelhalbierenden der Partialstrahlen

Abbildungsverzeichnis

Abbildungen im Anhang

Tabellenverzeichnis

Tabellen im Anhang

Anhang

B/H [-]	α [°]	ρ_b [-]	P_{Vol} [%]	Kap.	Abb.	Bem.
1	90	-	-	6.1.1.1	6.2, 6.4, 6.7	K, W
		1.0	99.0	6.1.1.2	6.8, 6.9	K
			97.5		6.10	K
			97.0		6.11, 6.12	K, W
			96.0		6.13	K
			0.0		6.14, 6.15	K, W
		0.5	97.5	6.1.1.3	6.16, 6.17	K
			96.0		6.18, 6.19	K
		-	-	6.1.1.4	6.20, 6.21	K, V
		1.0	0.0		6.22, 6.23	K, V
	0	-	-	6.1.2.1	6.25	K
		1.0	99.0	6.1.2.2	6.26	K
			97.5		A 1	K
			96.0		A 2	K
		0.5	97.5	6.1.2.3	A 3, A 5	K
			96.0		A 4, A 6	K
	45	-	-	6.1.3.1	6.28	K
		1.0	99.0	6.1.3.2	6.29, 6.30	K
			97.5		6.31, A 7	K
			96.0		A 8, A 9	K
		0.5	97.5	6.1.3.3	A 10, A 11	K
			96.0		A 12, A 13	K
2	90	-	-	6.2.1.1	6.34	K
		1.0	99.0	6.2.1.2	A 14	K
			97.5		6.35	K
			96.0		A 15	K
		0.5	97.5	6.2.1.3	A 16, A 17	K
			96.0		6.36, A 18	K
	0	-	-	6.2.2.1	6.38	K
		1.0	96.0	6.2.2.2	6.39, A 19	K
		0.5	96.0	6.2.2.3	A 20	K
	45	-	-	6.2.3.1	6.40	K
		1.0	99.0	6.2.3.2	A 21, A 22	K
			97.5		6.41, A 23	K
			96.0		6.42, A 24	K
		0.5	97.5	6.2.3.3	A 25, A 26	K
			96.0		A 27, A 28	K

Tab. A 1: Untersuchte Straßenschlucht/Baumpflanzungskonfigurationen (K: Konzentrationsmessung, W: Windgeschwindigkeitsmessung, V: Verkehrssimulation).

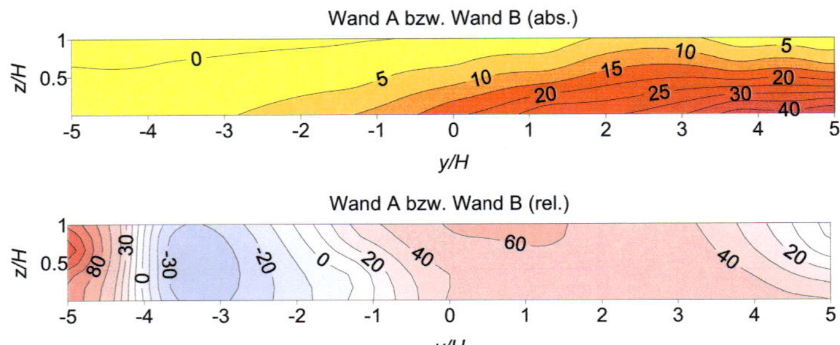

Abb. A 1: Normierte Konzentrationen c^+ [-] und relative Konzentrationsänderungen δ^+_c [%] (B/H = 1, α = 0°, ρ_b = 1, P_{Vol} = 97.5 %) bezogen auf die baumfreie Straßenschlucht.

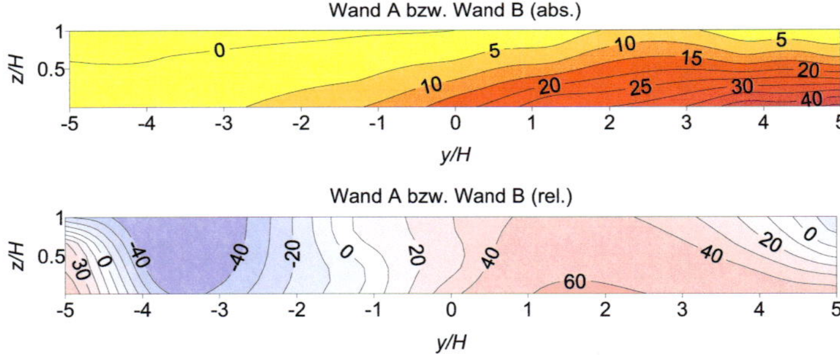

Abb. A 2: Normierte Konzentrationen c^+ [-] und relative Konzentrationsänderungen δ^+_c [%] (B/H = 1, α = 0°, ρ_b = 1, P_{Vol} = 96 %) bezogen auf die baumfreie Straßenschlucht.

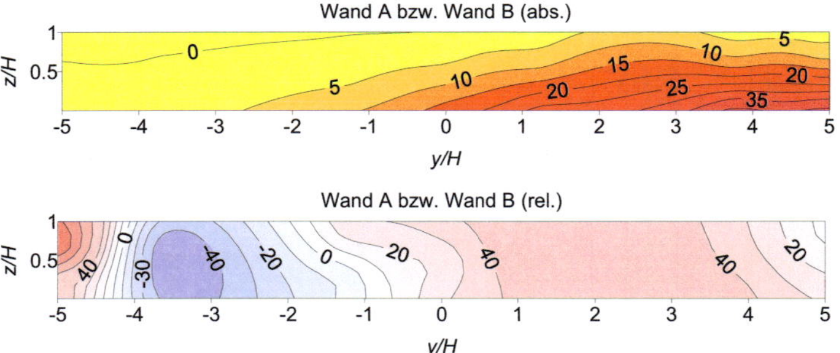

Abb. A 3: Normierte Konzentrationen c^+ [-] und relative Konzentrationsänderungen δ^+_c [%] (B/H = 1, α = 0°, ρ_b = 0.5, P_{Vol} = 97.5 %) bezogen auf die baumfreie Straßenschlucht.

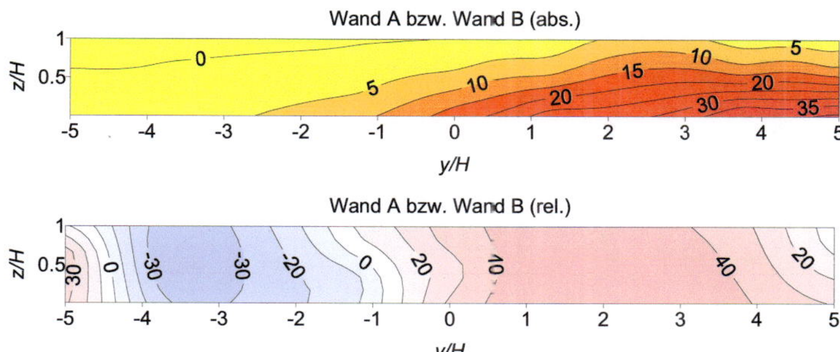

Abb. A 4: Normierte Konzentrationen c^+ [-] und relative Konzentrationsänderungen δ^+_c [%] ($B/H = 1$, $\alpha = 0°$, $\rho_b = 0.5$, $P_{Vol} = 96$) bezogen auf die baumfreie Straßenschlucht.

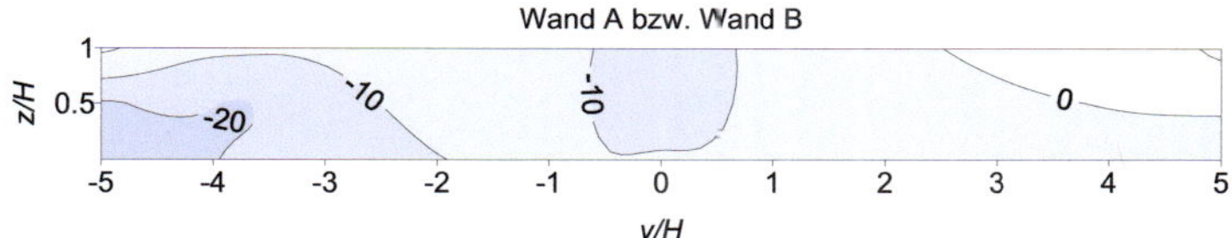

Abb. A 5: Relative Konzentrationsänderungen δ^+_c [%] ($B/H = 1$, $\alpha = 0°$, $\rho_b = 0.5$, $P_{Vol} = 97.5$ %) bezogen auf $\rho_b = 1$.

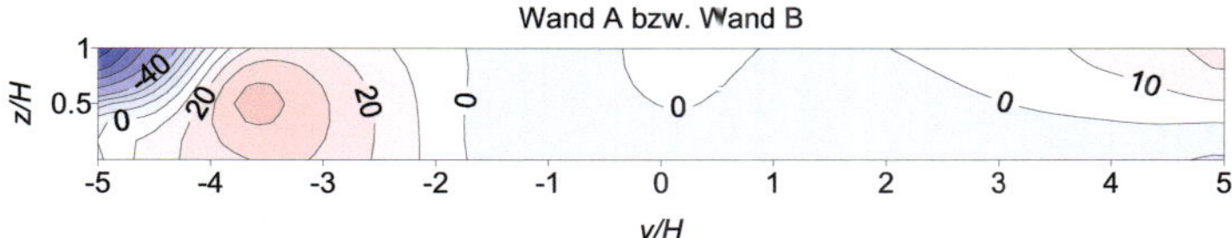

Abb. A 6: Relative Konzentrationsänderungen δ^+_c [%] ($B/H = 1$, $\alpha = 0°$, $\rho_b = 0.5$, $P_{Vol} = 96$ %) bezogen auf $\rho_b = 1$.

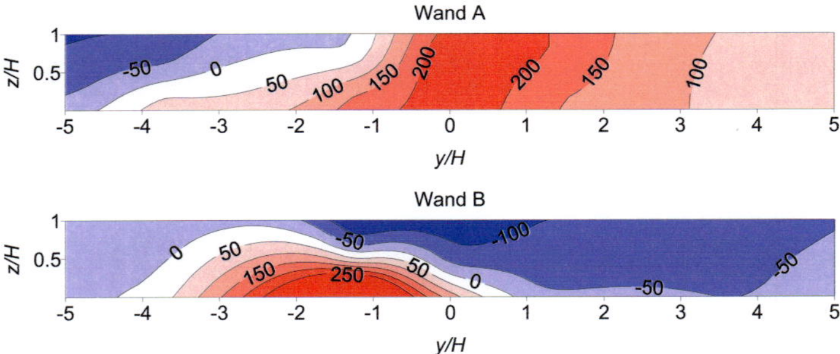

Abb. A 7: Relative Konzentrationsänderungen δ^+_c [%] ($B/H = 1$, $\alpha = 45°$, $\rho_b = 1$, $P_{Vol} = 97.5$ %) bezogen auf die baumfreie Straßenschlucht.

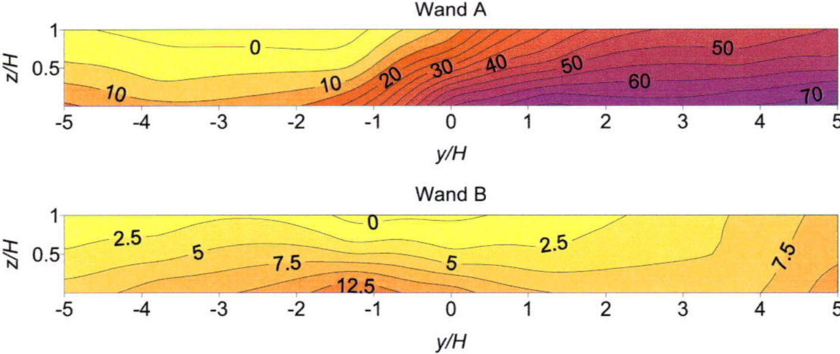

Abb. A 8: Normierte Konzentrationen c^+ [-] ($B/H = 1$, $\alpha = 45°$, $\rho_b = 1$, $P_{Vol} = 96$ %).

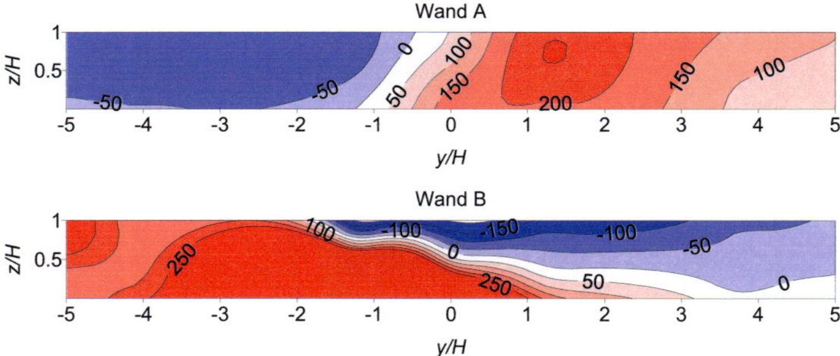

Abb. A 9: Relative Konzentrationsänderungen δ^+_c [%] ($B/H = 1$, $\alpha = 45°$, $\rho_b = 1$, $P_{Vol} = 96$ %) bezogen auf die baumfreie Straßenschlucht.

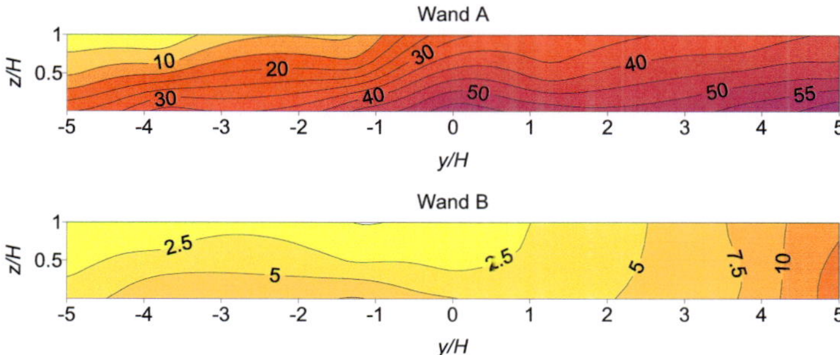

Abb. A 10: Normierte Konzentrationen c^+ [-] (B/H = 1, α = 45°, ρ_b = 0.5, P_{Vol} = 97.5 %).

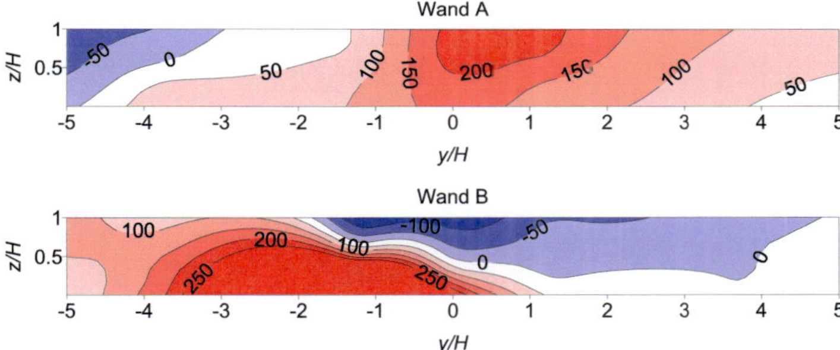

Abb. A 11: Relative Konzentrationsänderungen δ^+_c [%] (B/H = 1, α = 45°, ρ_b = 0.5, P_{Vol} = 97.5 %) bezogen auf die baumfreie Straßenschlucht.

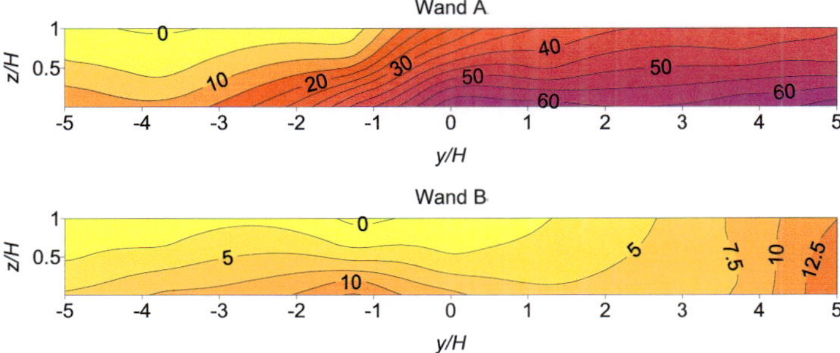

Abb. A 12: Normierte Konzentrationen c^+ [-] (B/H = 1, α = 45°, ρ_b = 0.5, P_{Vol} = 96).

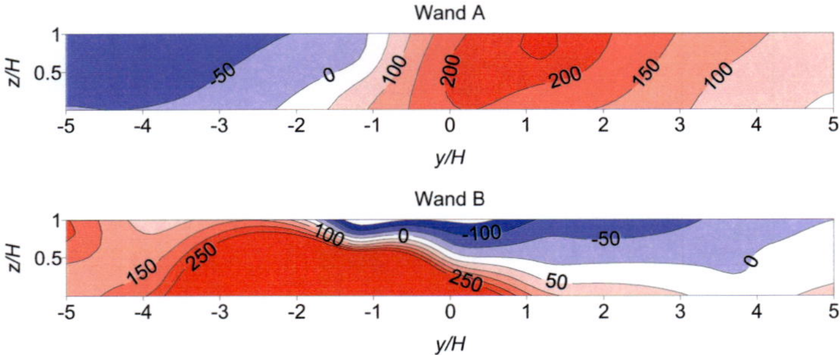

Abb. A 13: Relative Konzentrationsänderungen δ^+_c [%] ($B/H = 1$, $\alpha = 45°$, $\rho_b = 0.5$, $P_{Vol} = 96$ %) bezogen auf die baumfreie Straßenschlucht.

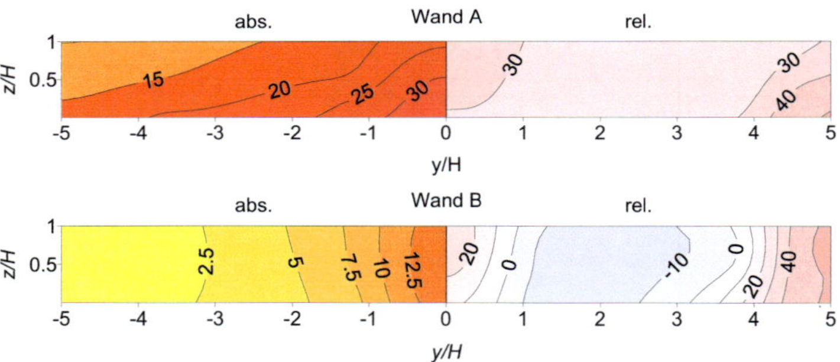

Abb. A 14: Normierte Konzentrationen c^+ [-] und relative Konzentrationsänderungen δ^+_c [%] ($B/H = 2$, $\alpha = 90°$, $\rho_b = 1$, $P_{Vol} = 99$ %) bezogen auf die baumfreie Straßenschlucht.

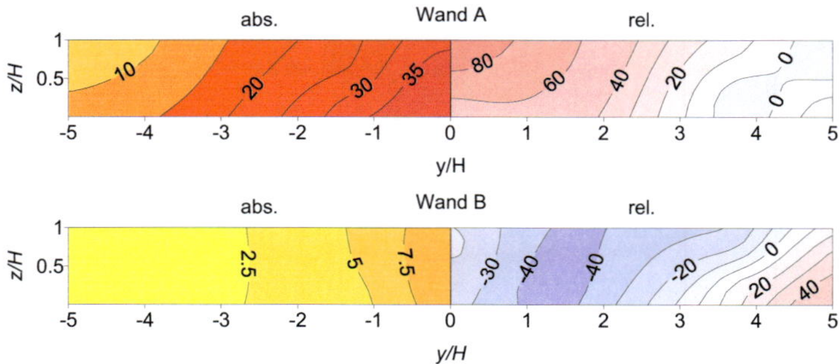

Abb. A 15: Normierte Konzentrationen c^+ [-] und relative Konzentrationsänderungen δ^+_c [%] ($B/H = 2$, $\alpha = 90°$, $\rho_b = 1$, $P_{Vol} = 96$ %) bezogen auf die baumfreie Straßenschlucht.

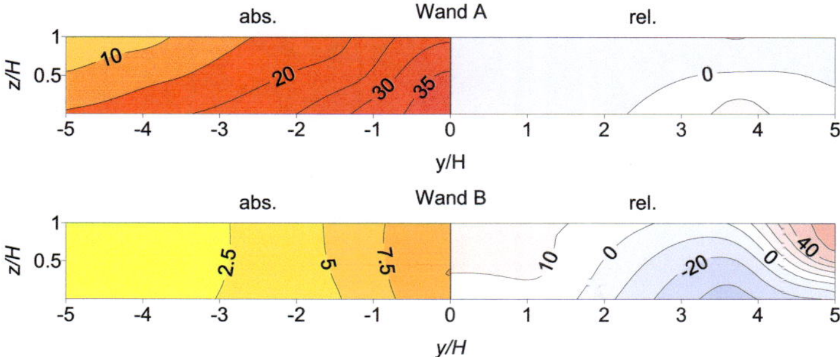

Abb. A 16: Normierte Konzentrationen c^+ [-] und relative Konzentrationsänderungen δ^+_c [%] ($B/H = 2$, $\alpha = 90°$, $\rho_b = 0.5$, $P_{Vol} = 97.5$ %) bezogen auf $\rho_b = 1$.

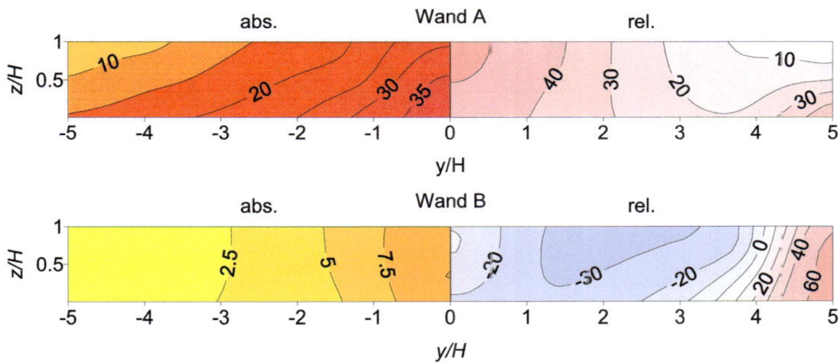

Abb. A 17: Normierte Konzentrationen c^+ [-] und relative Konzentrationsänderungen δ^+_c [%] ($B/H = 2$, $\alpha = 90°$, $\rho_b = 0.5$, $P_{Vol} = 97.5$ %) bezogen auf die baumfreie Straßenschlucht.

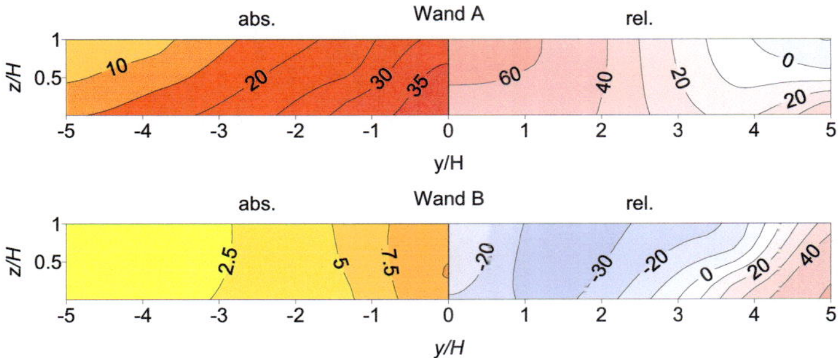

Abb. A 18: Normierte Konzentrationen c^+ [-] und relative Konzentrationsänderungen δ^+_c [%] ($B/H = 2$, $\alpha = 90°$, $\rho_b = 0.5$, $P_{Vol} = 96$ %) bezogen auf die baumfreie Straßenschlucht.

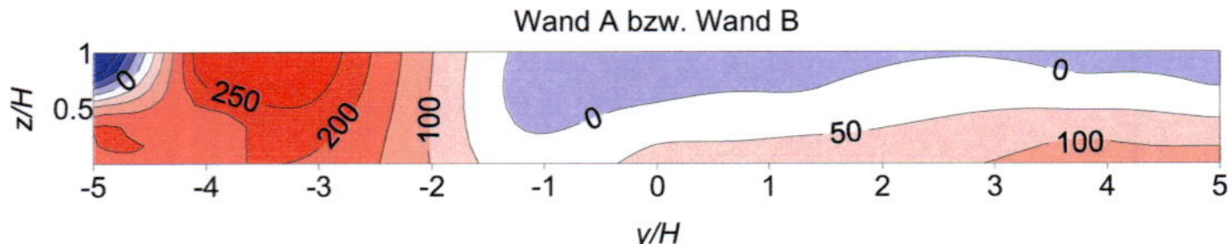

Abb. A 19: Relative Konzentrationsänderungen δ^+_c [%] ($B/H = 2$, $\alpha = 0°$, $\rho_b = 1$, $P_{Vol} = 96$ bezogen auf die baumfreie Straßenschlucht.

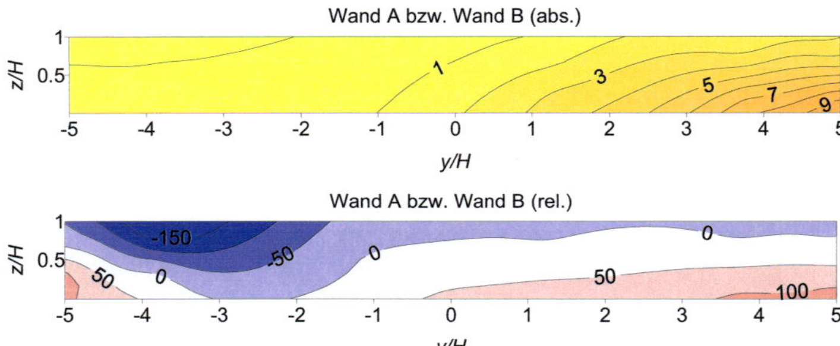

Abb. A 20: Normierte Konzentrationen c^+ [-] und relative Konzentrationsänderungen δ^+_c [%] ($B/H = 2$, $\alpha = 0°$, $\rho_b = 0.5$, $P_{Vol} = 96$ %) bezogen auf die baumfreie Straßenschlucht.

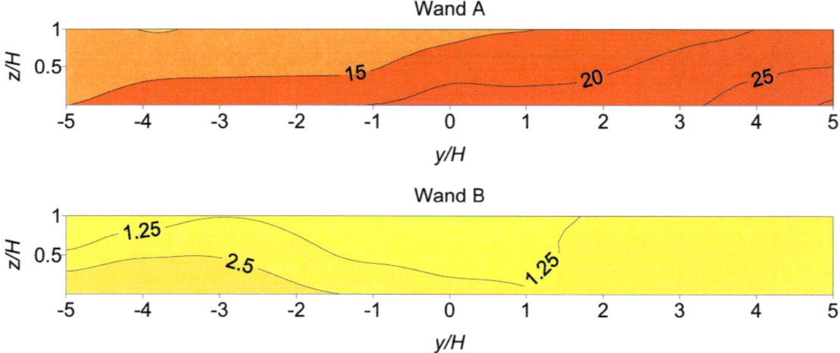

Abb. A 21: Normierte Konzentrationen c^+ [-] ($B/H = 2$, $\alpha = 45°$, $\rho_b = 1$, $P_{Vol} = 99$ %).

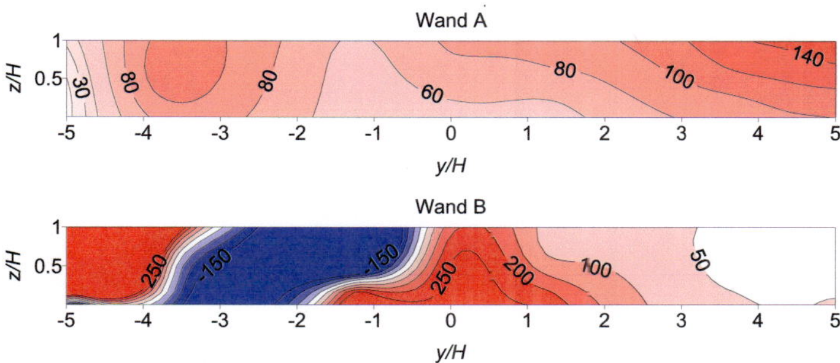

Abb. A 22: Relative Konzentrationsänderungen δ^+_c [%] ($B/H = 2$, $\alpha = 45°$, $\rho_b = 1$, $P_{Vol} = 99$) bezogen auf die baumfreie Straßenschlucht.

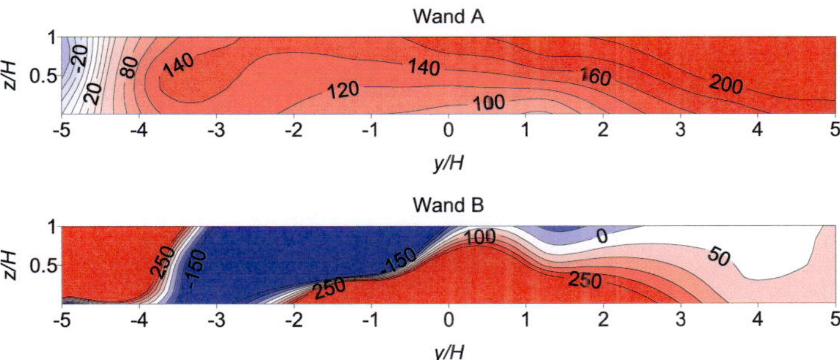

Abb. A 23: Relative Konzentrationsänderungen δ^+_c [%] ($B/H = 2$, $\alpha = 45°$, $\rho_b = 1$, $P_{Vol} = 97.5$ %) bezogen auf die baumfreie Straßenschlucht.

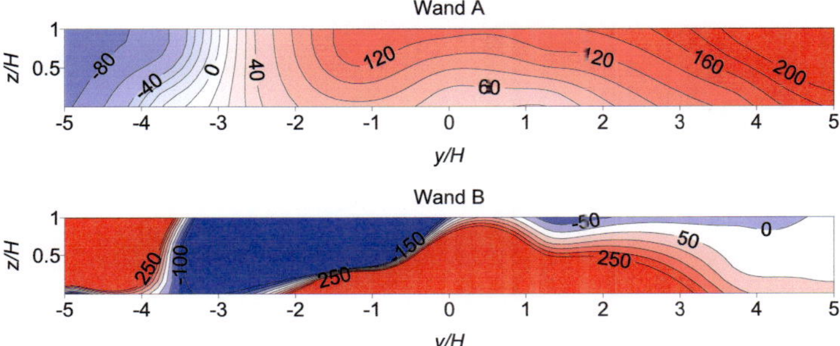

Abb. A 24: Relative Konzentrationsänderungen δ^+_c [%] ($B/H = 2$, $\alpha = 45°$, $\rho_b = 1$, $P_{Vol} = 96$ %) bezogen auf die baumfreie Straßenschlucht.

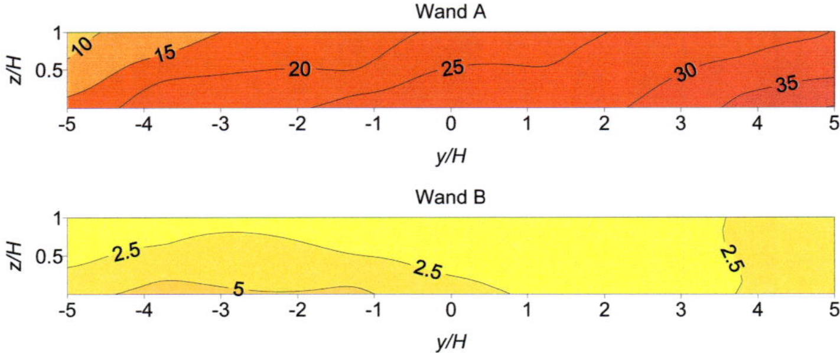

Abb. A 25: Normierte Konzentrationen c^+ [-] ($B/H = 2$, $\alpha = 45°$, $\rho_b = 0.5$, $P_{Vol} = 97.5\ \%$).

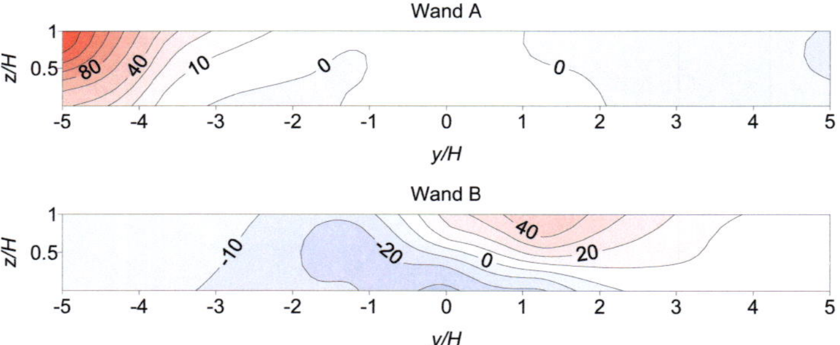

Abb. A 26: Relative Konzentrationsänderungen δ^+_c [%] ($B/H = 2$, $\alpha = 45°$, $\rho_b = 0.5$, $P_{Vol} = 97.5\ \%$) bezogen auf $\rho_b = 1$.

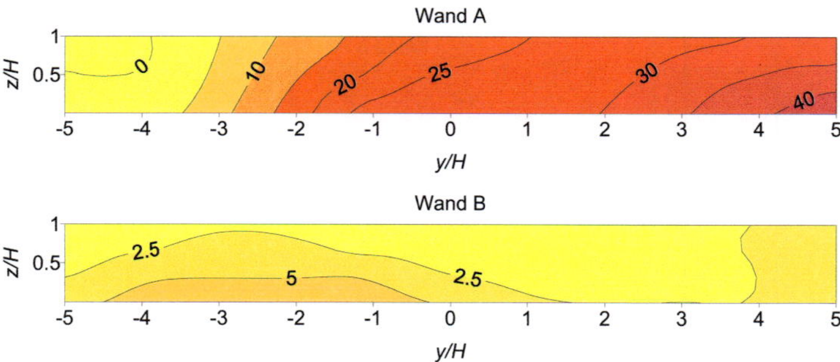

Abb. A 27: Normierte Konzentrationen c^+ [-] ($B/H = 2$, $\alpha = 45°$, $\rho_b = 0.5$, $P_{Vol} = 96\ \%$).

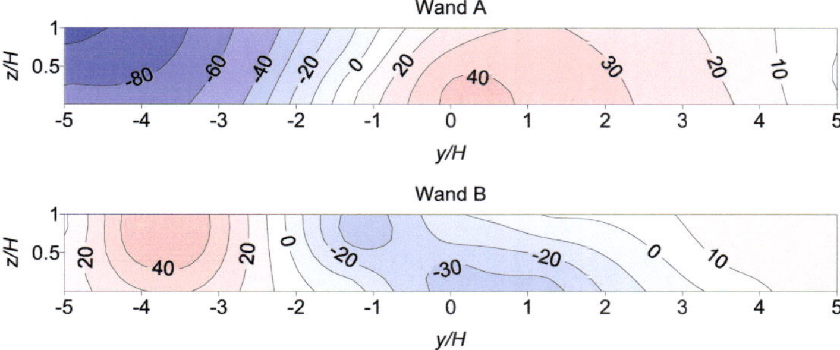

Abb. A 28: Relative Konzentrationsänderungen δ^+_c [%] ($B/H = 2$, $\alpha = 45°$, $\rho_b = 0.5$, $P_{Vol} = 96\ \%$) bezogen auf $\rho_b = 1$.

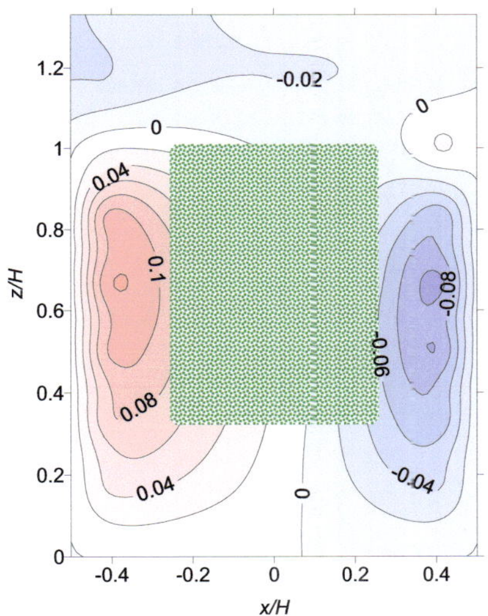

Abb. A 29: Normierte mittlere Vertikalgeschwindigkeiten w^+ in der x-z-Ebene bei $y/H = 0.5$ in der Straßenschlucht mit Baumpflanzung mittlerer Porosität ($B/H = 1$, $\alpha = 90°$, $\rho_b = 1$, $P_{Vol} = 97.5\ \%$) bei numerischer Simulation mit korrigierter turbulenter kinetischer Energie k.

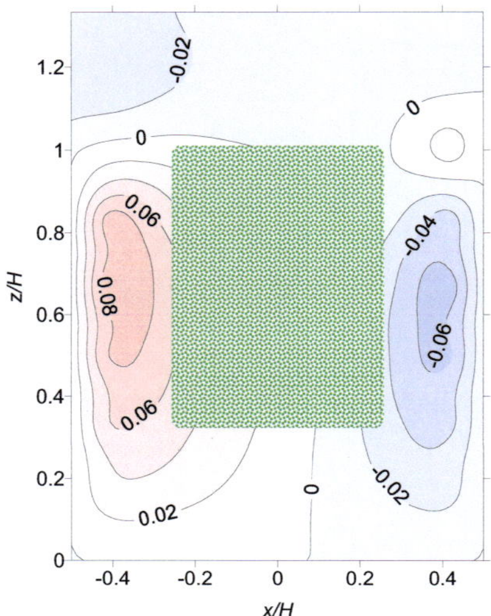

Abb. A 30: Normierte mittlere Vertikalgeschwindigkeiten w^+ in der x-z-Ebene bei $y/H = 0.5$ in der Straßenschlucht mit Baumpflanzung niedriger Porosität ($B/H = 1$, $\alpha = 90°$, $\rho_b = 1$, $P_{Vol} = 96\ \%$) bei numerischer Simulation mit korrigierter turbulenter kinetischer Energie k.

Veröffentlichungen

Zeitschriften (begutachtet)

Gromke, C., Ruck, B. (2007) Influence of trees on the dispersion of pollutants in an urban street canyon - experimental investigation of the flow and concentration field, Atmospheric Environment, Vol. 41, pp. 3387 - 3302.

Gromke, C., Ruck, B. (2008) Aerodynamic modeling of trees for small scale wind tunnel studies, Special Issue on Wind and Trees in Forestry, Vol. 81, No. 3, pp. 243 - 258.

Gromke, C., Ruck, B., (in press) Effects of trees on the dilution of vehicle exhaust emissions in urban street canyons, Special Issue on Urban Air Pollution in International Journal of Environment and Waste Management (IJEWM).

Gromke, C., Ruck, B. (in press, online available) On the impact of trees on dispersion processes of traffic emissions in street canyons, UAQ2007 Special Issue in Boundary-Layer Meteorology.

Gromke, C., Buccolieri, R., Di Sabatino, S., Ruck, B. (2008) Dispersion modeling study in a street canyon with tree planting by means of wind tunnel and numerical investigations - Evaluation of CFD data with experimental data, Atmospheric Environment, Vol. 42, pp. 8640 - 8650.

Balczó, M., Gromke, C., Ruck, B. (2008) Numerical modeling of flow and pollutant dispersion in street canyons with tree planting, accepted for publication in Meteorologische Zeitschrift.

Konferenzbeiträge

Gromke, C., Ruck, B. (2005) Die Simulation atmosphärischer Grenzschichten in Windkanälen, Proc. 13. GALA Fachtagung "Lasermethoden in der Strömungsmesstechnik", Cottbus, September 2005.

Gromke, C., Ruck, B. (2006) Der Einfluss von Bäumen auf das Strömungs- und Konzentrationsfeld in Straßenschluchten, Proc. 14. GALA Fachtagung "Lasermethoden in der Strömungsmesstechnik", Braunschweig, September 2006.

Gromke, C., Ruck, B. (2007) Trees in urban street canyons and their impact on the dispersion of automobile exhausts, Proc. 6th International Conference on Urban Air Quality, Cyprus, March 2007.

Gromke, C., Ruck, B. (2007) Flow and dispersion phenomena in urban street canyons in the presence of trees, Proc. 12th International Conference on Wind Engineering, Cairns, Australia, July 2007.

Gromke, C., Denev, J., Ruck, B. (2007) Dispersion of traffic exhausts in urban street canyons with tree plantings - Experimental and numerical investigations -, PHYSMOD 2007, Orléans, France, August 2007.

Gromke, C., Ruck, B. (2007) Strömungsfelder in Strassenschluchten mit und ohne Baumpflanzungen - Vergleich zwischen LDA-Messungen und CFD-Simulationen, Proc. 15. GALA Fachtagung "Lasermethoden in der Strömungsmesstechnik", Rostock, September 2007.

Gromke, C., Ruck, B. (2007) "Experimentelle und numerische Untersuchungen zur Ausbreitung von Autoabgasen in städtischen Straßenschluchten mit Baumpflanzungen", 10. Dreiländertagung D-A-CH der Windtechnologischen Gesellschaft, November 2007, Praktische Anwendungen in der Windingenieurtechnik, Vol. 10, pp. 175 - 186.

Venema, L., von Terzi, D., Gromke, C., Ruck, B. (2008) Scrutinizing turbulence closure schemes for predicting the flow in street canyons, Proc. 16. GALA Fachtagung "Lasermethoden in der Strömungsmesstechnik", Karlsruhe, September 2008.

Gromke, C., Ruck, B. (2008) Ein Ansatz zur Modellierung von Vegetation für Gebäude- und Umweltaerodynamische Windkanaluntersuchungen, Proc. 16. GALA Fachtagung "Lasermethoden in der Strömungsmesstechnik", Karlsruhe, September 2008.

Gromke, C., Buccolieri, R., Di Sabatino, S., Ruck, B. (2008) Evaluation of numerical flow and dispersion simulations for street canyons with avenue-like tree planting by comparison with wind tunnel data, 12th International Conference on Harmonisation within Atmospheric Dispersion Modelling for Regulatory Purposes, HARMO 12 Conference, Special Issue in Croatian Meteorological Journal.